海辺ビオトープ入門：基礎編

杉山　恵一 監修／自然環境復元研究会 編

信 山 社
サイテック

はじめに

　わが国は国土のすべてが海岸線でかこまれた島国であるが、一般市民の海への関心は深いとは言えない。陸上の平野部から山地に至るまで、破壊と汚染の進行は急速であり、それらに関する行政の対応、様々な市民活動が活発化しつつあることはよく知られているが、実は海域での環境悪化もまた同様の速度で進行しつつある。

　近年、諫早湾の埋め立てに対して、全国的に大きな反響が寄せられ、干潟の生態学的な重要さが認識されるきっかけとなった。そして、その後同様の事業に対しての批判的動向が喚起されたことは、海の環境保全に関して新しい時代に入ったことを示すものであった。

　しかしながら、干潟以外の海の環境に関しては、その現状に対する認識も、保全への動きもきわめて乏しいと言わざるを得ない。それは、海面下の世界が直接人々の眼にふれるものでないこと。漁業者などを除いて海に直接の関わりを持つ人々がきわめて少数であることがその主な理由であろう。

　現在まで海の環境の保全は、漁業の経済性を維持する方向においてのみなされてきたように思われる。だが海は本来きわめて多様な内容をもつ優れた自然環境であることを忘れてはならない。漁獲高という経済的観点からのみ海の環境を改変することによって、その自然性が失われることがないかどうかを充分吟味する必要があるのではないか。最近、近海において藻場の大面積での消失が問題化している。藻場は最も豊富な自然環境であるが、経済的価値をもつ魚類の初期の生育の場でもある。海域の自然の喪失が漁業そのものを衰退させることも考えられるのである。

　おそらく、多くの海の生物は、その生育過程において様々の環境を移動するとともに、それらの場所での生態系と深い関わりをもって生活するのであろう。一見無関係と思われる環境要因の一部を改変することによって、大きな影響が生ずるであろうことは、陸域の生物からも充分想像されることである。きわめて多くの構成種をもつ海の生物の相互の関係について究明していくことが必要

とされるのであるが、現在ではまだ初期的な段階にあると言わざるを得ない。

一方、海の生態系の豊富化について、人間が何等かの有効な手段を講ずることも可能であろう。先に述べた藻場の復元などは緊急の課題であろう。漁礁などの設置もそのひとつであるが、本来の生態系を改変する可能性もあることを考慮すべきである。人為を加えるにあたっての基本的な方向性としては、特定の魚種のみの増加をはかるのではなく、多様な生態系を維持しつつ、そこから永続的な恩恵を受けるようにすべきであろう。

海は人間に恵みをもたらすと同時に、時に災害をもたらすことで河川と同様である。そのため、防潮堤のようなものが大規模に造成されつつある。そして、それらは河川におけるコンクリート護岸と同様な問題、つまり景観の破壊、人々の遊びの場の消失、沿岸生態系の改変ないしは貧弱化などの弊害をもたらしてきた。これらの弊害を必要最小限にとどめるための研究も今後必要とされるであろう。河川と同様、単純な発想によるあまりにも過大な構造物が造成されているように思えてならない。

海の生態系にとって、流入する河川の水質もプラス、マイナス両面で重大な影響をもつものである。山域での樹林の状態なども海域の生態系に大きく関係すると言われている。都市域からの汚濁水なども大きなマイナスの影響をもつものである。これらのことも今後解決すべき課題である。

いずれにしても、われわれは国土をくまなく囲む海域について関心を深め、できるだけ多くの知識をもつと同時に、陸域におけると同様な環境保全の動向を海域においても活発化するよう努めなければならない。本書はこれまで様々な自然環境の保全や再生にかかわってきた自然環境復元研究会の一連の書物のひとつとして企画されたものであるが、後続の専門的な書物の先駆けとして、まず海の環境の一般的な知識を紹介するためのものである。なお、続編では具体的な海・海辺の環境回復の試みを取り上げてみたいとおもっている。

2000年1月

静岡大学教育学部　杉山　恵一

目　次

はじめに ……………………………………………… 杉山　恵一

1. 海辺の生物が生きるための条件 ……………… 伊藤　富夫　1
　I. 生物の誕生と形成 ……………………………………… 1
　II. 海辺の生物の生息条件 ………………………………… 4
　III. 海辺環境の現況 ………………………………………… 7
　IV. 海辺環境の回復 ………………………………………… 11

2. 海の生き物と海辺の環境 ……………………… 廣崎　芳次　15
　I. 海の生き物 ……………………………………………… 15
　　1. 植　物 ……………………………………………… 15
　　2. 動　物 ……………………………………………… 19
　II. すみ場とくらし ………………………………………… 21
　III. 砂　場 …………………………………………………… 27
　IV. 海辺の生活環境 ………………………………………… 30
　V. 自然環境を残す意義 …………………………………… 44

3. 藻場（海の植物）と干潟 ……………………… 向井　宏　51
　I. 植物プランクトン ……………………………………… 52
　　1. 海水をメディアとする生活形 …………………… 52
　　2. 珪藻・ナノプランクトン・ピコプランクトン … 53
　II. 海の森林と草原 ………………………………………… 55
　　1. マングローブの林とサンゴ礁 …………………… 55
　　2. サンゴ礁と藻類 …………………………………… 56

　　　　3．海草と海藻 ……………………………………………… 57
　　　　4．コンブ・ガラモの森林 kelp beds …………………… 58
　　　　5．海草の草原 ……………………………………………… 59
　Ⅲ．高い生産性 ………………………………………………………… 61
　　　　1．季節による成長 ………………………………………… 61
　　　　2．浄化作用 ………………………………………………… 62
　Ⅳ．生物たちのすみか ― 藻場の生物群集 ― ……………………… 65
　Ⅴ．陸上の森と海の森や草原 ………………………………………… 66
　Ⅵ．干潟 ………………………………………………………………… 67
　　　　1．高い生産性 ……………………………………………… 67
　　　　2．干潟の浄化能力 ………………………………………… 68
　　　　3．干潟の消滅 ……………………………………………… 70
　Ⅶ．海の浄化能力 ……………………………………………………… 71
　　　　1．東京湾の失敗 …………………………………………… 71
　　　　2．まだ続く日本の過ち …………………………………… 72
　Ⅷ．浅い海とビオトープ ― 干潟と藻場のある海 ― ……………… 73
　Ⅸ．干潟や藻場を守ることと海を守ること、
　　　　そして未来の人類を守ること ………………………………… 76

❹ 海辺の干潟づくり ……………………………… 細川　恭史　79

　Ⅰ．干潟の定義と分類 ………………………………………………… 79
　　　　1．干潟面積の変遷 ………………………………………… 80
　　　　2．干潟の生物相 …………………………………………… 82
　　　　3．干潟の役割 ……………………………………………… 85
　Ⅱ．干潟の修復や造成のねらい ……………………………………… 86
　　　　1．干潟の浄化機能の維持や向上 ………………………… 86
　　　　2．干潟の大型生物の保全や維持 ………………………… 88
　Ⅲ．事例紹介でみる干潟の成立 ……………………………………… 89

		1．事例の概括 ………………………………………………	89
		2．仙台港蒲生干潟 …………………………………………	90
		3．広島港五日市干潟 ………………………………………	93
	IV.	干潟造成の留意点 ………………………………………………	95
		1．干潟生態系の安定性 ……………………………………	95
		2．造成の場所選び …………………………………………	97
		3．生物相と干潟底質 ………………………………………	98
		4．造成干潟の分類 …………………………………………	98
	V.	今後の課題 ………………………………………………………	99

5. 生物に配慮した護岸 ………………………………… 伊藤　富夫　103

	I.	海岸の浸食 ………………………………………………………	105
	II.	護岸工事の計画 …………………………………………………	109
	III.	環境への影響 ……………………………………………………	111
	IV.	護岸設備の型式 …………………………………………………	112
		1．何もしないか再構築する ………………………………	112
		2．浜辺の充実 ………………………………………………	113
		3．坂の階段化とテラス化 …………………………………	114
		4．生物のいる湿地（マーシュ；MARSH）の形成 ………	115
		5．透過型構造（石による護岸）：STONE REVETMENT ………	117
		6．壁型構造 — カゴ型構造：GABION …………………	119
		7．壁型構造 — 障壁：BULKHEAD ………………………	121
		8．防波堤：BREAKWATER …………………………………	123
		9．防砂壁：GROIN …………………………………………	124
		10．その他の護岸方法 ………………………………………	127
	V.	ビオトープとしての護岸構造 …………………………………	128

6. アメリカでの海岸整備
── 海岸の整備・養浜 ── ……………………………… 伊藤　富夫　131

- I. 浜辺の浸食と自然の材料を使った護岸 ……………………………………… 133
- II. 浜辺をつくる軍艦 …………………………………………………………… 137
- III. デューン(Dune)づくり …………………………………………………… 139
- IV. マーシュ(Salt Marsh)づくり ……………………………………………… 141
- V. 海を畑にする ………………………………………………………………… 144
- VI. 日本の採るべき道 …………………………………………………………… 145

1. 海辺の生物が生きるための条件

伊藤　富夫[*]

1. 生物の誕生と形成

　地球は海の星であり生命の星だが、その生命を育てる大きな要因に海と生物自身がある。35億年から45億年前、生命が海のなかに誕生して以来、地球は生き生きとした世界になった。もし、海と生物がいなければ、地球は金星のような生命の存在しない星になっていただろう。金星は地球の隣にあり、大きさは地球同じくらいである（**写真—1**）。惑星が誕生した頃に、二つの星の状態はほとんど同じでり、金星の方が太陽に近い分だけ温度が高いということの違いだけがあった。その後、地球の地表温度が100℃を割るまでに冷えると大量の水蒸気が湯気に変わり、やがて雨となって地表に降り注ぎ、海がつくられた。海は有害な気体を溶かしこんで無害にし、また、生物の素になるいろいろな成分をそのなかに溶かしていったのである。さらに、有害な紫外線を防いで、生物誕生の条件を整えていった。そして、海のなかに生命が誕生したのである。
　一方、地球に海ができる前に、金星では二酸化炭素による温室効果によって運命が決められてしまった。金星は黄金の星、愛と美の女神・ビーナスの名がついているように、うわべはとてもきれいな星である。ところが、この美しさのなかに死の世界が隠されている。金星は二酸化炭素に包まれた星で、この二

---

[*]静岡大学教育学部生物学教室

写真―1　地球と金星（スミソニアン博物館の絵はがきより）

酸化炭素は太陽からの紫外線は通すのに、地表からでる熱（赤外線）は通さない。温室効果と呼ばれるこの性質によって地表はどんどん暖められ、地表温度は400℃以上にもなっている。逆に空の上は二酸化炭素の凍ったドライアイスや、同じく凍った硫酸の雲に覆われ、極寒の状態になっている。この厚い雲が太陽の光を反射し、美しく光り輝いているのである。もちろん、青い空など望めない。かつては、水または水蒸気もかなりあったと思われるが、蒸発して上空で分解し、宇宙に飛散して現在は存在しない。このように、金星は地球と同じように誕生した星同士であったが、その形成過程で生命の生存が許されない星になってしまったのである。

　原始の地球も金星同様に二酸化炭素に覆われていた。地球に生命が誕生した頃、その量はいまの20万倍もあり、遊離した酸素は存在しなかったようだ。ところが、海がつくられると、二酸化炭素は海のなかに溶け出し、さらに生命が誕生すると、しばらくして太陽の光を利用して二酸化炭素と水から有機物をつくるラン藻や植物が進化していった。この有機物をつくる過程で酸素が放出され、二酸化炭素が取り込まれていくことで、逆に酸素が増えていったのである。そうなると、酸素呼吸によってエネルギーを得ている生物は活発に活動できるようになった。二酸化炭素が減ってくれば温室効果はなくなり、適温に

なって厚い雲は消え、青空が広がるようになっていった。太陽の光が満ちあふれると植物の活動はさらに活発になり、二酸化炭素の減少、酸素の増加に拍車がかかってくる。上空では紫外線の作用により、酸素 (O_2) はオゾン (O_3) に変わってオゾン層が形成されていった。紫外線は殺菌灯でも知られているように、生物の遺伝子を破壊する作用があり有害であるが、オゾン層は太陽からの紫外線を通さず防いでいる。この紫外線の減少によって、生物は海から出られるようになったのである。なお、最終的に地球上の二酸化炭素を極端に減らしたのは珊瑚だと言われている。大海に広がる珊瑚が海に溶け込んだ二酸化炭素を素に炭酸カルシュウムの殻を作り、珊瑚礁を形成したためだと思われる。

　海と生物自身は、さらに生物が生存できる条件を整えていった。海の波は岩を削り、砕き、月の引力による潮の干満により海岸を形づくってきた。その岩の隙間や石の裏側、砂や泥のなかは生物たちのすばらしいすみかとなっている。

　生物の死骸や排泄物でさえ、限度を過ぎなければ生物の生命を支えている。動植物の死骸は大小さまざまな生物によって分解されて排泄される。その排泄物は砂泥と混ざり、栄養豊かな土壌を形成し、植物や微生物の繁殖を支えている。海のなかの貝やサンゴは海水とともにいろいろな栄養物を取り入れ、濾過するようにして必要な栄養物だけ捕り入れている。珊瑚礁の海が澄んできれいなのは、このサンゴの濾過作用によると言われている。陸地ではさまざまな土壌生物が砂泥ごと栄養物を取り入れ、その排泄物によって栄養豊かな土壌がつくられることははよく知られている。そして、残った有機物はさらに細菌により分解され、有益な栄養物に変えられて植物の養分となる。さらに、ちょっとした汚染物質でも、こうした自然の浄化作用によって無毒化されているのである。

　このように、自然の食物連鎖によってさまざまな生物の命が維持されているのである。また、この自然の力強い仕組みが持続されていくならば、さまざまな汚染から回復できる力を備えていくことができるのである。

　こうして、生命とその他の自然すべてのなかを、物質とエネルギーが機能的

に循環する生態系が生物を核として形成されている。陽光あふれ、栄養に富み、さまざまな生物のすみ場をもった海辺は今日まで生物の繁栄する場所であり続け、何十億年もの間、地球は海辺を中心に健全な生活を営んできた。ところが、この百年ほどの間に私たち人間は、自然の回復力を上回る環境破壊と汚染を産み出してしまった。これはまさに人間の侵した犯罪といえるだろう。私たちはこの罪を必ず償わなくてはならない。そのためにも、自然を回復するという方法で子孫へ健全な生態系を残さなければならない責務がある。

II. 海辺の生物の生息条件

　生物が生存できる条件を明確にするために、いま日本で滅びようとしているカブトガニを例にあげてみる。そのカブトガニは瀬戸内海を中心とする日本の各地で、また、タイやアメリカのチェサピーク湾等で激減している。どうしてだろうか（図—1）。

　カブトガニが生きていくためには、どんな条件が必要だろうか。まず、カブトガニの母親のことを考えてみよう。どの生物でもそうだが、母親はその生物が生存していくための中心的存在である。母親の体のなかで健康な卵ができてからカブトガニの一生が始まる。健康な卵をつくるには、人間と同じように、①きれいな水、②十分な栄養、③ストレスなどの無い生活、④快適な生活をする場所、が必要になる。それらを邪魔するものとして、(1)海の汚染、(2)エサになるゴカイなどの生物の減少、(3)船舶や人間などの侵入、(4)生活場所の破壊、減少があげられる。

　さらに、母ガニが⑤産卵する場所、⑥卵の育つ環境、⑦卵から孵化した後の子ガニ（幼生）のすむ場所、⑧子ガニの食物も必要である。具体的には、産卵や卵が育つためのきれいな砂浜、柔らかい泥のきれいな干潟、そして、そこにエサもなければならない。特に、干潟の環境が重要になる。魚などの敵から逃れるために、潜りやすくなければならず、そこにエサとなる生物がすめるよう

1. 海辺の生物が生きるための条件　　5

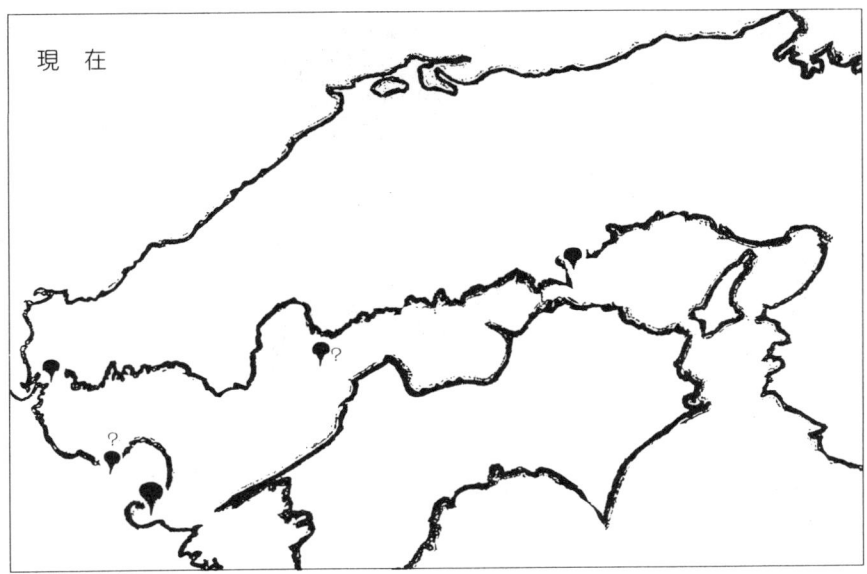

図—1　瀬戸内海におけるカブトガニの減少

な生育環境が整っていなければならない。もちろん、酸素が豊富な海水が入りにくい状態では生育することができないのは当然である。

このように、カブトガニが生息するための条件がいくつもあり、大変デリ

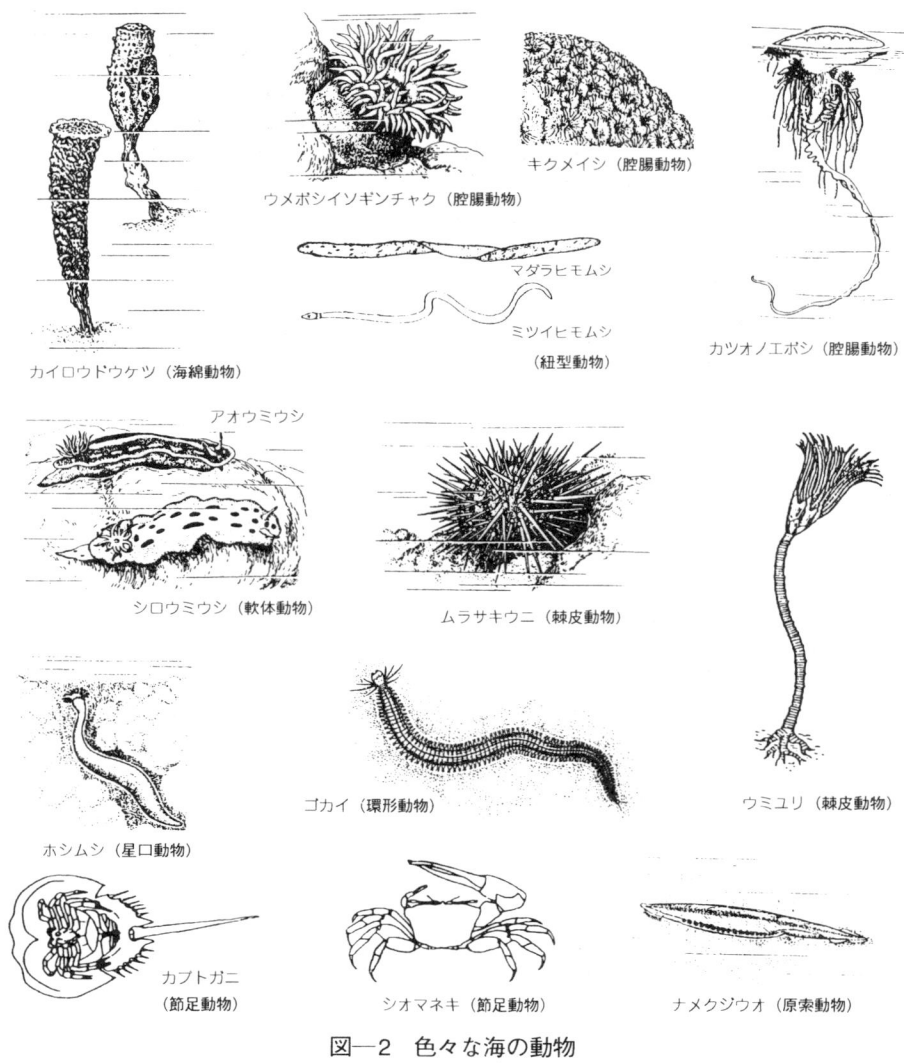

図—2　色々な海の動物
海の生物の数と種類は、陸よりもはるかに多い.

ケートな生物と言えよう。一般的に、順応性・適応性がある生物は、生きるために多くの条件を必要としないが、このカブトガニのようなデリケートな生物は、一つでも環境条件が変化すると生きていくことができなくなってしまう。

　カブトガニだけでなく、シャミセンガイ、ウミユリ、ナメクジウオ、スナメリなどの生物も日本から絶滅しようとしている（図—2）。ただ、ここで問題なのは、個々の消滅という問題は勿論だが、もっと大きな脅威は、一般的な海辺の生態系が激しい勢いで失われたことではないだろうか。多くの人の実感として、十年前、二十年前と比べ海辺のようすが一変し、無機質な風景に変わってしまったことに気がついていると思う。人間もそうだが、生物も単独では生きていくことはできない。多様な生物が互いに秩序を保ちながら生活している訳であり、この秩序を私たち人間が崩しているのではないだろうか。

　このまま自然破壊を続け、生態系の回復を計らずに放置していったならば、地球は間違いなく金星のような死の星になってしまうだろう。自然の回復力を越える破壊や汚染が生態系を襲うと、まず有毒な汚染物質を無毒化できなくなる。酸性雨などで植物が枯れて森林が減少すると二酸化炭素の吸収が減り、酸素の供給が減ってくる。そうなると、オゾンの供給が減り、地球を取り巻くオゾン層が破壊されて紫外線が大量に地表に降り注ぐことになってしまう。ここまで進んでしまうと、生命活動に大きな影響が出てきてしまうことになるが、現在も危機的状況であることは間違いない。このようにならないために私たちは、何を、どうすればよいのだろうか。

 海辺環境の現況

　そこで、さまざまな恵みを得ている海とその海辺について、見つめてみることにしよう。
　わが国は四方を海に囲まれ、南北に延びた小さな島国である。そして、人口の多くは海沿いの少ない平地で暮らしている。当然、海との接点が多くなって

くる訳で、人々が集い文化を培ってきた場所でもある。また、その海からの豊かな水産資源を得て生活が営まれてもいる。このように、海は日本人にとって非常に身近な存在であり、生活の一部となっているのである。ただ、平地が少ない国土では、生活や産業活動の用地を得るには、山を削るか海を埋めるしか手段がなく、海に面した工業地帯のほとんどは埋め立て地である。さらに、道路や鉄道などの交通基盤の整備も用地取得の莫大な費用を考えると、自ずと海辺の近くに整備されるようになる。

このように、狭い国土の日本にとっては海辺の整備・開発を避けて通れない状況である。そうなると、自然災害などから生命・財産を守る手だてが必要となり、大なり小なりの護岸整備が発生してくる。当然大きな自然の改変を余儀なくされ、自然の海岸が減少してしまうことになる。このような事情で今まで当たり前にあった自然豊かな海辺が、高度成長・バブル経済の目先の利益のみを考えたインフラ整備の下、いつの間にか各地で姿を消そうとしている。

ただ、これら整備の必要性は理解できるものの、あまりにも工法や技術面のみ主眼がおかれていた感があるのではないだろうか。技術が過大評価され、自然環境を軽視する考え方が横行していたと思われる。

その反省として現在、自然が本来もっている力を評価し、引き出して活用していくことが求められるようになった。その一歩として、干潟を含めた海辺から本来の自然豊かな姿を取り戻す努力を始めたいと思う。

自然豊かな海辺の最大の要素は生物の存在であろう。護岸の設備については、本書の別の節で解説されているが、自然的・人為的な影響は別として、浜辺の浸食を防ぐ手だてと併せて、生物が持続して生息できる空間（ビオトープ）を甦らせることから始めなければならないと思う。そのためには何をしたらよいのだろうか。それは決して難しく考える必要はなく、簡単に言えば、私たち人間が自然の力を利用し、回復の手助けをすればよいのである。生息できる環境ができれば生物は自然とそこにすみ着くわけで、条件を整えて、後は自然に任せておけばよいだろう。そうすれば、その場に適した生態系が形成されていく

田子の浦　　　　　　　　　高松の海岸

写真—2　田子の浦と高松（静岡市）の海岸　テトラポットに覆われている．

ことになる。ただし、植物に関しては本来その周辺の植生に適した種が望ましいので、移植については専門家のアドバイスを受けるようにしたい。

　最近では、このように環境が回復した例は多く見られるようになってきた。かつて、生物のすめような環境でなかった静岡県の大谷川や浜川の河口、田子の浦などはかなりきれいになり、魚がすめるようになってきた。静岡市の高松や久能の海岸も一時は大変汚れていたのだが、浄化設備の設置とともにきれいになっている（写真—2）。地元の人でさえ、決してきれいだと言わなかった名古屋港も、見違えるようにきれいになり、東京の河川や東京湾沿岸、瀬戸内海も以前よりずいぶんきれいになってきた（写真—3）。

　外国でも同様に、インドのガンジス川はコレラ菌がいるなど汚染が進んでいるように思っていたが、実際に調べてみると意外ときれいなことがわかった。ガンジス川はインドの人々にとって聖地で、そこで水浴びをして体を清め、そこの水を飲んでお祈りをする。単に、生活する場所以上に大事な聖なる川なのである。そこには、他の場所に見られなかった巨大な浄化装置があった。それでも大河の一部分だけであり、川だけでなく海までを見ると、まだまだ十分な回復とはいえず、これからも努力する必要があるようだ（表—1）。

　私たちの体も少しくらいの怪我や病気なら立ち直ることができるように、自然にも治癒力がある。医者が体の治療するように、自然の回復力に少しの手助けをしてあげれば、自然環境は回復するのである。自然環境が顕著に回復した

1. 海辺の生物が生きるための条件

シカゴの下水処理施設

タイのチャオプラヤ川

ガンジス川の下水処理施設

名古屋港

写真—3

表—1　外国の川の汚染

(μg/ml)

	NH₃	PO₄	Sn	NH₃＋PO₄＋Sn
チャオプラヤ(メナム)川（タイ）	0.100	0.832	3.202	4.134
アグラヤムナ川（インド）	0.081	3.054	0.250	3.385
イースト川（USA）	0.125	0.223	2.801	3.149
ガンジス川（インド）	0.097	0.050	0.576	0.723

地域の多くは、浄化装置を設けて汚染物質を排除し、下水道を完備するなどの設備面だけでなく、地域をあげての努力があったのではないだろうか。

Ⅳ. 海辺環境の回復

　さて、具体的に生態系を回復する方法を考えてみる前に、その生態系を壊した原因をあげてみよう。①生物の生息地を奪う海の埋め立て、護岸や港湾工事があげられる。このような工事は生物のすみ場を奪うだけでなく、海流の変化などで干潟や砂浜に悪影響を及ぼし、海洋汚染を加速する場合も多い。②海の汚れの大きな原因の一つに、河川からの汚染物質の流出がある。河川の汚染は人口増加に伴う生活排水の流入である場合が多くなってきた。③工場廃水、農業排水による汚染。④海苔や貝、魚の養殖に伴う富栄養化。⑤船舶の海水に触れる船底部には貝などの付着を防ぐため有機スズが塗られている。これが、最近大きな社会問題になっている内分泌攪乱物質、いわゆる環境ホルモンと呼ばれている物質の一つである。⑥戦争やタンカー事故による原油流出による大きな被害も記憶に新しい。特に、湾岸戦争では石油コンビナートの爆撃により大量の原油が流出し、広い地域で環境破壊を引き起こした。⑥放射能も脅威の新たな汚染源になりつつある。

　ちなみに、南太平洋の島で世界中の反対のなかでフランスの核兵器実験が強行された。その実験にギリシャの古い海の女神テーチスの名がつけられた。か

つて、地球の大陸は一つにまとまっていて、東に開いたテーチス海と呼ばれる大きな内海があった。それは、石油の元になったといわれる大珊瑚礁の広がる海で、三葉虫やアンモナイト、シーラカンス、カブトガニそして、その他多くの生物が生まれていった。このテーチス海の奥、西の端が今のアメリカ東海岸の近くであり、テーチス海の出口、東の端が日本など東アジアにあたると言われている。この生命進化の起源の場所テーチス海のそばで、こともあろうに生命を一瞬の間に奪ってしまう大量破壊兵器の実験が行われ、しかもその女神の名が使われるとは許しがたいことである。

　以上のように、多くの環境破壊の原因があるのだが、一つずつ検討してみる。①自然の回復力を高めるために、生物のすみ場、すなわち自然豊かな海岸をつくることである。タマキビなど貝類はじめ、多くの生物のすむ岩場（磯浜）、ヒモムシやカニダマシなどの潜む石礫の場所、アサリ、ハマグリたちのすむ砂浜、そして、ゴカイ類などのすむ泥地（干潟）をとり戻すことである。②同時に汚染物質を除去する。③汚染物質の流入を防ぐようにする。そのためには、下水道と下水処理場を整備する必要がある。文化国家日本にとって、下水の普及率が全国平均でやっと50％を越えただけという現実は恥ずかしいかぎりである。④失われた生物の移入もときには必要かも知れない。

　とにかく、人々が海に接し、心が和むような潤いのある美しい海であってほしいと思う気持ちをもつことが大切だろう。また、そうした気持ちを育てる教育も必要となってくる。こうして、生物が生き生きと生活できるまとまりのある空間（ビオトープ）が復元できるのである。特別なことをするわけではなく、ごく普通の生物が生息できる海辺に回復する手助けをすればよいのである。そのために、地元住民が主体となって、管理者、専門家を交えて取り組むことが大切であろう。

　確かに、私たちの生命・財産が最優先されることは言うまでもない。ただ、これまでの歴史を振り返ってみると、極端にいえば人類の繁栄のみが追求され、他の生物のことを顧みることがなかったと言えるのではないだろうか。しかし、人間は海や川と共に暮らしてきたわけで、きれいな海や川を見続けたいという

気持ちは誰もがもっていることだろう。さらに、その川や海が汚染されて生物が減少し、生態系が崩れたら、一番困るのはその自然から多くの恵みを得てきた私たち人間自身なのである。

　20世紀が人類繁栄の世紀と呼べるとしたら、21世紀は自然との真の共生・共存の世紀にしなければならない。地球誕生から気の遠くなるような年月をかけて創り上げられた自然に対し、もっと謙虚で敬虔な気持ちで接するようにしたいものだ。

参考文献

Bell, W. H. and Henderson, A. M. (Eds.) (1993): Focus on the Chesapeake Bay. 1991-1992 Annual Report of CEES, University of Mayland System.

Itow, T. (1988): Treatment with chemical reagents. In: Biology of horseshoe crabs (Sekiguchi, K., Ed.), Science House, Tokyo, pp.242-278.

伊藤富夫 (1988, 1991): 複合の生物学. 杉山書店, 東京.

伊藤富夫 (1992): 胚という名の宇宙から. サイエンスハウス, 東京.

伊藤富夫 (1994): 河口の汚染と生物の関係. 環境システム研究, **1**, 13-28.

伊藤富夫・杉田博昭・関口晃一 (1991): 瀬戸内海におけるカブトガニの激減とその原因. 上武大学経営情報学部紀要, **4**, 29-46.

Lippson, A. J. and Lippson, R. L. (1984): Life in the Chesapeake Bay. The Johns Hopkins University. Press, Baltimore and London.

篠原伴次 (1989): 四国側沿岸におけるカブトガニ生息状況の変遷.『日本カブトガニの現況』(関口晃一編), 日本カブトガニを守る会, 笠岡.

Shuster, C. N., Jr. (1985): Introductory remarks on the distribution and abundance of the american horseshoe crab, *Limulus polyphemus*, spawning in the Chesapeake bay area. In: The Chesapeake: Prologue to the future (Chase, V., ed.), pp.34-38, Natinal Marine Educators Conference, Virginia.

鈴木静夫 (1993): 水の環境科学. 内田老鶴圃, 東京.

玉井恭一 (1981): 西日本周辺海域に生息する *Paraprionospio* 属 (多毛類:スピオ科) 4 type の形態的特徴と分布について. 南西海区水研研究報告, **13**, 41-58.

田辺信介・西村　淳・立川　涼 (1990): 有機スズ化合物による漁場環境の汚染Ⅰ. 宇和島浅海養殖漁場環境調査報告書 (遊子漁業協同組合), pp.57-62.

土屋圭示 (1989): 笠岡湾およびその周辺におけるカブトガニ生息の推移.『日本カブト

ガニの現況』(関口晃一 編), 日本カブトガニを守る会, 笠岡.
土屋圭示・浅野甘喜夫 (1989)：笠岡湾におけるカブトガニの産卵地および生息地の変遷と現況.『日本カブトガニの現況』(関口晃一 編), 日本カブトガニを守る会, 笠岡.
吉田多摩夫 (編) (1986)：環境化学物質と沿岸生態系. 恒星社厚生閣, 東京.

2. 海の生き物と海辺の環境

廣崎　芳次[*]

　海は陸水と比べて動植物の種類が多い。とりわけ海辺と呼ばれる潮上帯、潮間帯の生物相は豊かである。すみ場としての岩場には海藻と多くの種類の動物が、砂場には海草と砂地に適した動物がすみ、砂浜は水質浄化の場としての働きも大きい。

　陸水では見られない現象に潮汐があり、これをいかに活用するかが海の自然環境の保全に大きく影響する。水のなかにはごく少量の溶存酸素量しかないので、常に溶存酸素量が十分に取り込まれるように配慮することが重要である。それが水中の生き物の良好な生活環境となり繁殖につながるのである。

1. 海の生き物

1. 植　物

① 海　草（うみくさ）

　海の植物は陸上植物のように根から栄養をとり、花が咲き種子が生じて繁殖する植物はほとんどなく、ごく例外的にアジモ（アマモ）がある程度で、このような植物を海草（うみくさ）という（写真—1）。まして、海中には樹木のように木質の堅い植物は全く存在しない。

---

[*]野生水族繁殖センター代表・前江ノ島水族館館長

写真—1　アジモ（海草）

写真—2　ホンダワラ（海藻・褐藻）

写真—3　大潮の干潮に水面上に出たアラメの幹

② 海　藻（かいそう）

　根はただ着生しているだけで根から栄養をとることはなく、つぼみもなく花も咲かない。当然のことだが種子もできない。このような植物が一般的な海の植物で、草に対して藻類（そうるい）と呼んでいる。このように草とは全く違うから、かいそうと言っても草を書くべきではない。藻類のなかで、私たちが知っているコンブのように葉状体を形成し固着生活をしていて、肉眼で見ることのできる大きさのものを海藻という。海藻にはいろいろの種類があるが、これらはその色彩からアオサのように緑色の緑藻（りょくそう）、コンブなどの褐色の褐藻（かっそう）(**写真—2**)、アサクサノリのように紅色をしている紅藻（こうそう）など、それぞれ生きている時の色で分けられる。

　海中の岩礁などに固着している海藻も、陸上の植物と同じように光合成をして生育する。ただ、最近は大気中のスモッグや海水の汚濁によって、光合成に必要な陽光が届く水深がどんどん浅くなり、アラメやカジメなど海中林を形成する海藻は、水深 $-10m$ 位のところにたくさん生えていたものが、今では $-5m$ とか $-3m$ という浅いところに、生えざるをえなくなっている(**写真—3**)。また、海藻は水の動きに対して折れることのない柔軟な体をしていることからもわかるように、止水状態での環境下では生存不能のものが多いので、海中に構造物をつくる場合には、潮の流れがどのようになるかをあらかじめよく調べて、潮の流れを阻害しないように工夫する必要がある。

　海藻も海草も共に動物たちと密接な関係がある。えさ場、かくれ場、繁殖発育の場として、幼生や稚魚たちにとってとりわけ重要な役割をはたしている。また、ウニやアワビなどはこれらの植物を食用にしている(**写真—4**)。

　海水中の窒素や燐化合物を吸収して富栄養化現象を防ぎ、二酸化炭素を吸収して酸素を生成するなど、環境をよくすることにも海藻は大いに役立っている。魚類をはじめ多くの動物たちの排出物や死骸の有機物は、バクテリアによってアンモニア→亜硝酸塩→硝酸塩になり、植物によって硝酸が窒素として利用される。人間のつくるろ過装置では、植物の働きを無視しているために、硝酸が蓄積し良質な水の維持ができない。

写真―4 藻類や海草とこれらを食用とするウニやアワビ
これら藻類や海草の繁茂した一帯は、さまざまな生き物の繁殖場となっている．

③ 植物プランクトン

陸上には全く存在しない生物としてプランクトンがある。植物性プランクトンの少ない沖合の海水でも1ℓ中に10万も存在する。東京湾奥部の富栄養水では、その100倍の1,000万を数えるほど存在する。

これらすべてが太陽からの光と栄養塩類とによって光合成をする。海藻は沿岸の岩場などごく一部に限られているのに対して植物性プランクトンは全海洋に分布し、各個体はごく小さいがおびただしい数のため光合成の割合も圧倒的に多い。これらの植物性プランクトンは動物性プランクトンのえさとしてだけでなく、水質浄化としても重要な役を果たしている。

④ アイス・アルジ

流氷あるいは港内結氷などの海面に浮かぶ氷の海水面側には付着硅藻類が繁茂する。これを氷の藻類アイス・アルジ(Ice Algae)と呼んでいる。氷が付着藻類の着生板の役目をして、太陽の光が氷の層を通過することにより光合成し、藻類が繁茂して氷の海の生産性を高めている。

陸上の気温に比べると、海水の温度はどんな極地の深海でも－2℃以下にはならないので、寒帯の海のなかでも思ったより暖かで、藻類の繁殖の妨げにはならないようだ。

⑤ 海浜植物

陸上の植物だが、塩分を含んだ潮風に直接あたり水分や栄養分の少ない砂地

といった海浜にのみに育つ一連の植物がある。これらの植物は根をはりめぐらせて、砂の飛散防止にも役立っている。

⑥ 細菌植物

バクテリアとか細菌として知られている非常に小さい単細胞生物群で、水質浄化の働きをする亜硝酸菌や硝酸菌など分裂菌類に含まれるものがある。

このようにごく小さな植物でも、すべて呼吸作用で酸素を消費する点では動物と同じである。

2. 動 物

① 種 類

原生動物から脊椎動物にいたる、あらゆる動物が海にすんでいる。その数は、現在分かっている種類の2〜3倍はあるだろうと思われる。なお、地球上のすべての動物の種類はおそらく2億種に達するであろうといわれているが、現在までにわかった種は僅か175万種にすぎない。

② 分 布

水平分布、垂直分布ともに広い範囲にわたり、陸上におけるよりもはるかに変化に富んでいる。海岸の飛沫のかかるところにすむ潮上帯の生物や、海浜の湿った砂粒の間にすむ間隙帯の生物など、本来は海の生物なのに海水以外のすみ場所でくらす動物もおり、これらの種類も自然環境の保全に大いに関与している。

③ 間隙水の生物

陸上の乾いた砂浜も掘っていくと湿った砂になる。海中の砂粒の回りだけでなく、陸上でも濡れた砂粒の回りにもたくさんの生物がすんでおり、これらの生物がろ過の働きをしてくれている。ただ、余りにも小さく肉眼で見え難いために気がつかないのである。

その他に肉眼で見ることのできないものにバクテリアがある。砂粒1gの表面に1億ものバクテリアがすみ、有害なアンモニアを亜硝酸塩に、そして無害な硝酸塩に変えている。

肉眼で、あるいは虫メガネで見ることのできるものに、砂のすきまの水、間

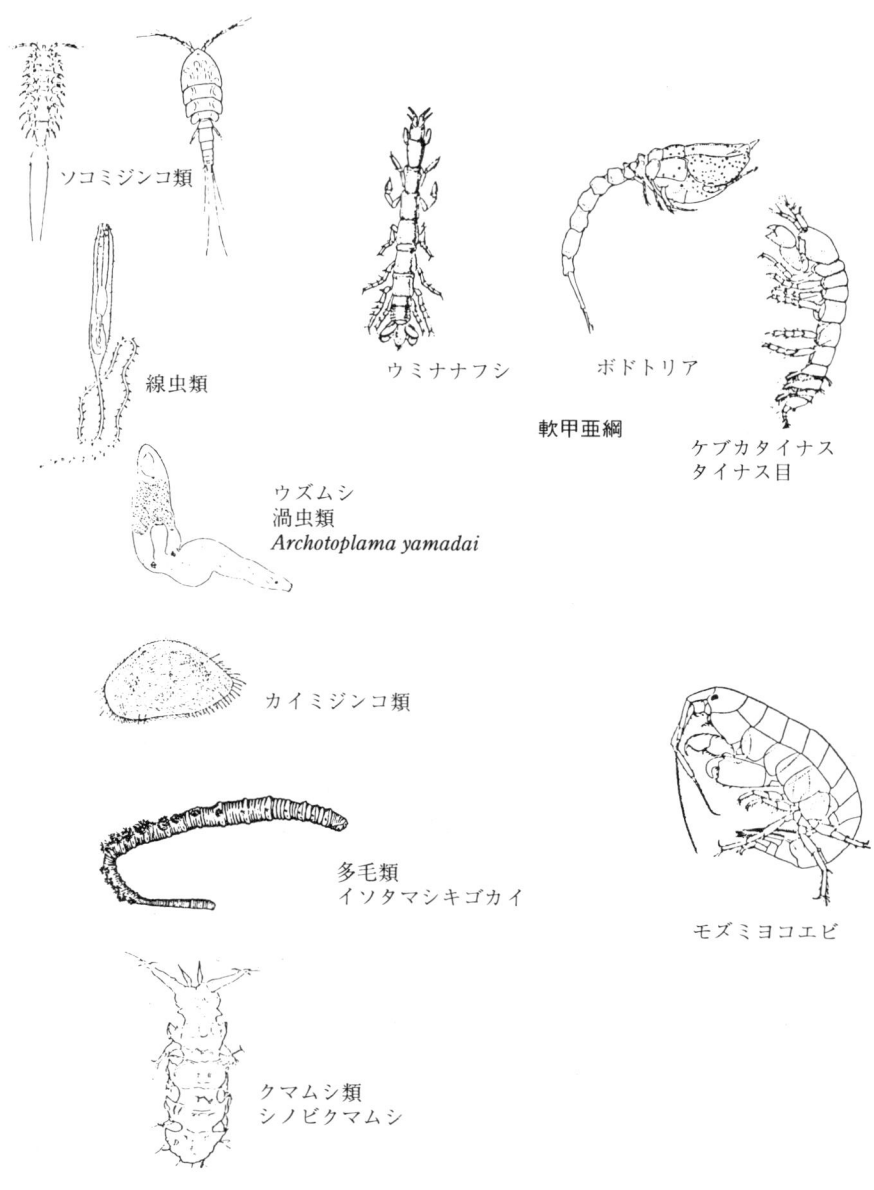

図—1　間隙水の生物

隙水の生物がある。10 ccの砂の間に8,460個体の生物がいたというように小さい。代表的なものはソコミジンコ類、線虫類、渦虫類、カイミジンコ類、多毛類などである。クマムシ類のように進化学や生命の起源にまで遡るような興味のつきない生物も含まれている(図—1)。

　これらの生物たちもせっせと、水質をよくするための働きをしてくれている。ただ、バクテリアにしても、砂のすきまの生物たちにしても呼吸をしなければ生きていけないので、溶存酸素が十分に溶けこんだ水が絶えず流動していることが大切である。このために、水の流通のよい砂浜が重要となり、泥地では水質が思うようによくならないのはこのためである。潮の干満や波などによる自然のエネルギーによる水の動きで、良い水質が大昔から現在まで維持されてきているのである。

II　すみ場とくらし

1）潮上帯（飛沫がかかるところ）

　海辺にすんでいながら水が嫌いとしか思えない生物がいる。これらの生物がすむ場所は水に浸かることはほとんどなく、ときに波の飛沫がかかる潮上帯と呼ばれるところである。ここにすむのはアラレタマキビ、タマキビ、イワフジツボ、クロフジツボ、フナムシなどが代表的な種類である(図—2)。これらの生物たちはほとんどの場合、日光にさらされて乾いている。飛沫がかからない時には、カメノテやフジツボはつるあしをひっこめてフタを閉じ、イソギンチャクは触手だけでなく体も縮めて乾燥から身を防ぐ。タマキビは飛沫のかかる近くまで下り、イワガニは水面の方へ移動して餌をあさる。

　飛沫がかかると、カメノテ、フジツボなどは口から長いつるあしを出し、盛んに動かして餌を集めたり呼吸する。イソギンチャクも触手を伸ばして活動する(図—3)。タマキビなどは常に海面と付かず離れずの関係を保ち、さらに上部の濡れない場所に移動する。これらの動物たちが潮上帯にすむのは、海中か

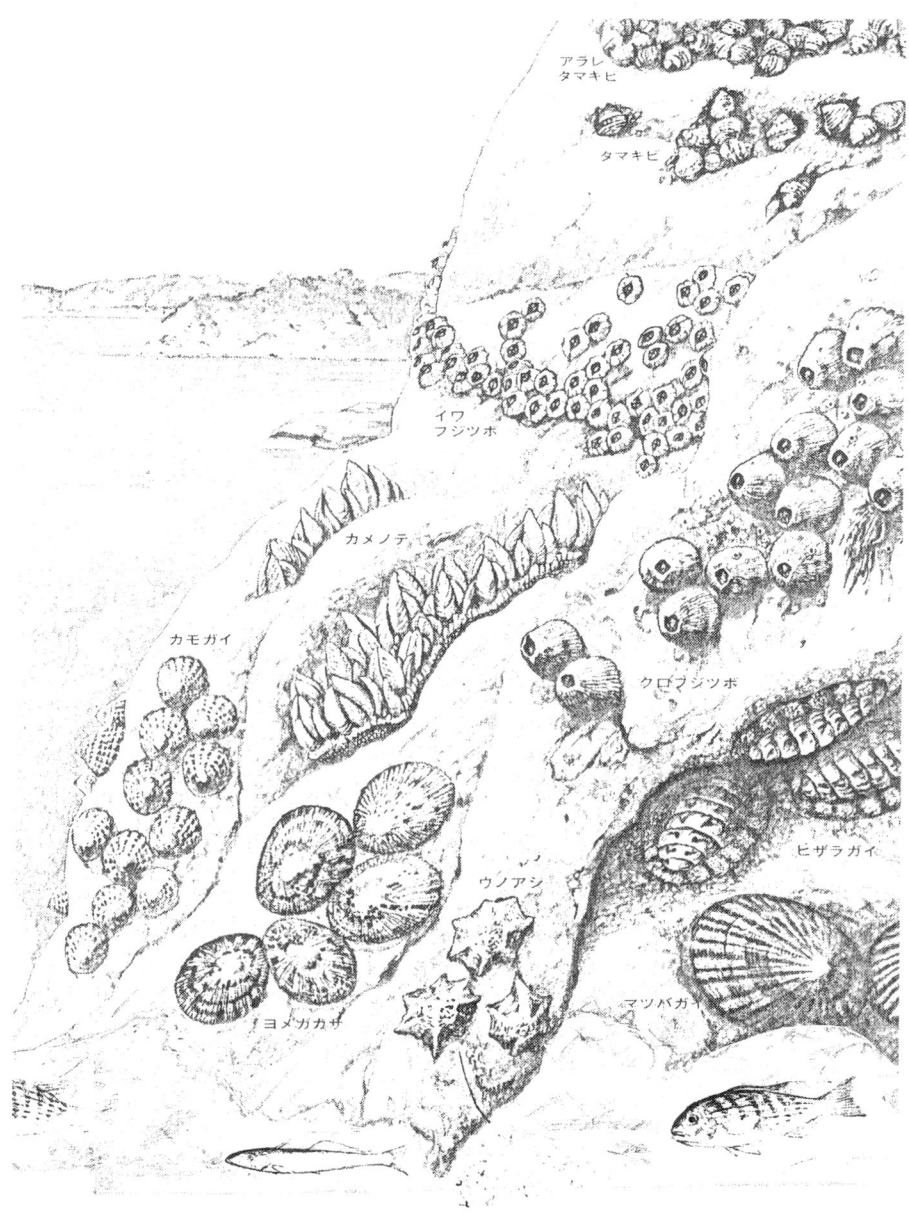

図—2　潮上帯

2．海の生き物と海辺の環境　23

図—3　しぶきがかかるところにすむ生物のくらし

ら陸上へと生活の場を移行する過程にあって、乾燥にはある程度耐えられるようになったものの、まだ体液の塩分濃度が濃いために、塩分を舐めて補給しなければならないのではと考えられる。

2）潮間帯（潮が引くと陸地になる）

① 砂　場

底が砂だけのところでは波の影響が強すぎ、砂に泥が混じっている方がすみ場として安定している。このようなところには、アサリ、ハマグリ、オサガニなどの砂泥中に潜って生活する生物が多い。また浅い水中にはキス、ネズッポなどがすんでいる（写真—5）。

潮が満ちて陸地だった場所が海中に没すると魚がやってくる。二枚貝は水管を伸ばし、ヒトデや巻き貝も盛んに活動を始める。スナガニやコメツキガニたちは穴のなかに潜り魚の攻撃から身を守る。引き潮になると穴から出てきて砂泥の表面についている珪藻を食べる。二枚貝は砂のなかに潜ったままだが、砂上には水管の形が残っているので居場所がわかる。ウミニナ、ツメタガイ、ヒトデなどは活動を止めてじっとして乾燥に耐えている（図—4）。

写真—5　砂だけでなく泥が混ざった海辺には、アサリ、ハマグリ、浅い水中にはキス、ネズッポなどが多くすんでいる．

満ち潮
ヒトデ
アジモ場
ネズッポ
ウミニナ
ツメタガイに
食べられた貝
ツメタガイ
ムシロガイ
マテガイ
ハマグリ
コメツキガニ
スナガニ
ひき潮
チュウシャクシギ
ヒトデ
ウミニナ
ツメタガイ
ムシロガイ
コメツキガニ
スナガニ
ユウシオガイ
ゴカイ
ハマグリ
マテガイ

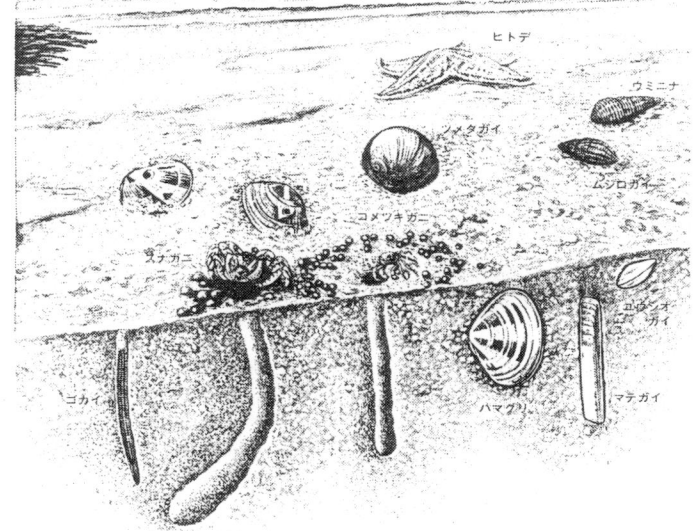

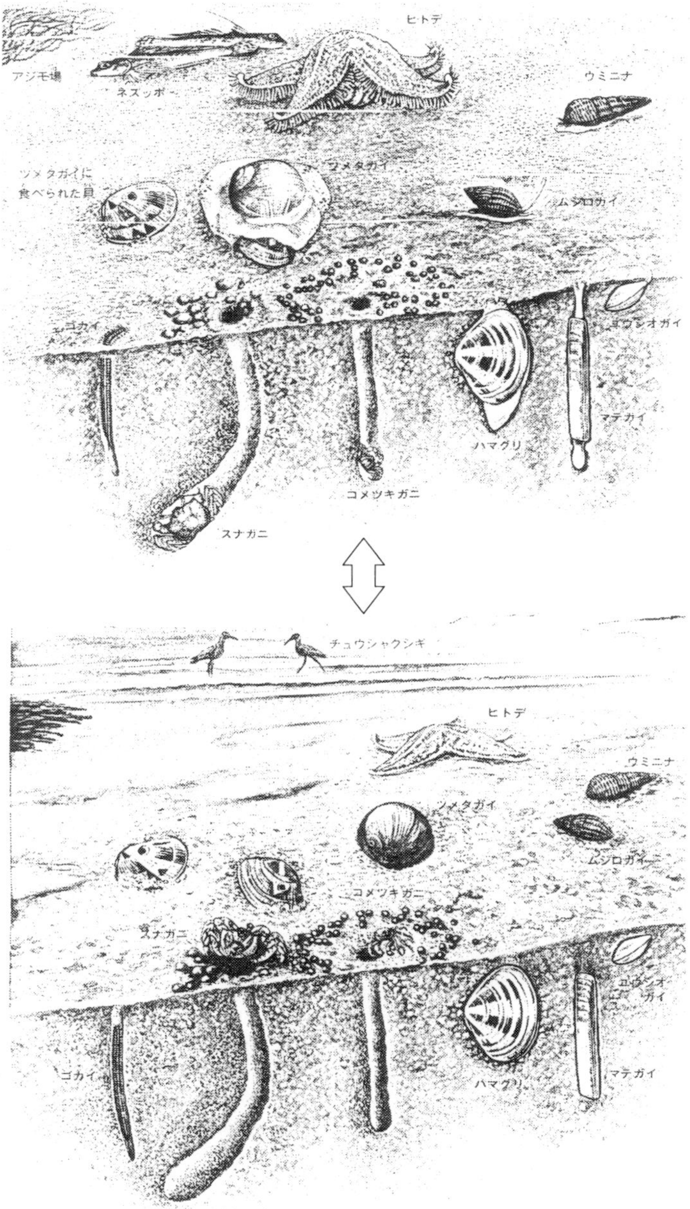

図―4　砂浜の生物と干満

② 岩　場

岩場にはアオサ、ミル、ウミウチワ、ワカメ、ホンダワラ、ガラガラなど各種の海藻が繁っている。動物たちの生活形態は次のようになる。

- 固着生活をするもの：幼生のときはプランクトン生活をしているが、成長すると岩面で固着生活をするものとしてカイメン、イソバナ、コケムシ、ケヤリムシ、フジツボ、ホヤなど多くの種類がある。
- 這って動きまわるもの：固着生活に近い状態のイソギンチャクは小魚、エビ、カニ、プランクトンなどをつかまえて食べる。足盤で吸いついているが容易に移動する。

　ウズムシ、ゴカイ、ウミウシ、ヒトデ、ウニなどは活発に移動する。海藻を食べるものとしてウミウシ、アワビ、ウニなど多くのものがいる（**写真―6**）。
- 静止時に接触生活するもの：泳ぎまわることもできるが静止時に岩場や海藻に接触し利用している。岩棚をエビやカニ、岩肌をハゼやダンゴウオ、岩穴をナベカが利用し、海藻類はワレカラ、ヨコエビ、タツノオトシゴなどが利用している。
- 常に泳ぎ岩場で過ごす：岩場には海藻が多く、餌となる小動物がたくさんい

写真―6　潮間帯の岩場には数多くの生き物がすんでいる．

るのでイシダイ、イシガキダイ、メジナ、オヤビッチャ、カワハギ、アミメハギ、キヌバリ、ハオコゼなど多くの種類の魚がすむ。

III. 砂　場

1) 砂　浜
砂浜は頻繁にその形をかえている。砂は撹拌され移動し、そして堆積する過程をくり返している。

① 終浜崖（しゅうひんがい）

浜のもっとも陸側は急な斜面で終り、それより陸側は植物の生育する地帯になる。ハマニンニク、ハマヒルガオ、コウボウムギ、ハマナスなどの植物が生育する地帯と明確に区別できる。

② 後　浜（あとはま）

終浜崖から海へ向って高潮線付近までの潮上帯・飛沫帯に該当する。なだらかな斜面であったり数段の平坦面からなることもある。この平坦面は水平に近いことも、やや陸地に傾いていることもある。これは浜堤（ひんてい）とか犬走りとも呼ばれている(**写真—7**)。

③ 前　浜

潮の干満によって浸水・干出を繰り返しているところで、潮間帯にあたる。

もっとも強く影響を残している最近の高潮位の汀線（ていせん）と低潮位の汀線が砂浜に刻んだ印の間である。汀線とは海面と砂浜がぶつかる境界線で、大波が押し寄せる時には破砕帯がこれにあたる。毎回の波の先端が到達する範囲を汀（みぎわ）と呼び、これを線で表し汀線と呼んでいる(**写真—7**)。

④ 沖　浜

前浜から沖合で潮下帯と呼ばれるところ。ふつうこの一帯は溝のようになった深みがあり、その先に浅くなった砂州があってここまでを外浜とし、それから先を沖浜とすることもある。

写真—7　山口県東和町海岸の後浜（自然砂浜：上）、前浜（人工砂浜：下）

　底砂は比重の大きい海水中に浸り浮んでいて、陸上の場合以上に相対的に軽くなっているので、水深10mまでの底砂はとりわけ海水の動きによって容易に撹拌され移動してしまう。そして、特定の場所に堆積するか、より深みに相ついで落下して前浜どころか後浜もなくなってしまうことすらある。波のおだやかな砂浜ほど砂粒が小さく、このような浜の傾斜は緩やかであり、波の荒い浜では砂粒が大きく急傾斜である。

2）砂の組成

　砂の由来は千差万別で、岩山が崩れ岩がいくつにも割れて礫となり、さらに細粒化して砂となったものや貝やフジツボとかサンゴ、あるいは有孔虫、さらには石灰藻などといった動植物の貝殻や骨格などが細かくなってできた砂もある。

　岩石からの砂には長石類が多く、長石類のほか石英など岩石由来の多くの砂には硅酸が主成分である。京都府網野町の琴引浜や室蘭市のイタンキ浜などをはじめ、日本各地の20カ所あまりの海岸で鳴き砂（鳴り砂）現象がみられるが、これは不純物が混在していない石英砂によるものである。

　貝類をはじめ海中の動植物は、死亡後の貝殻や骨格などは炭酸カルシウムを主成分にした砂となる。

　これら砂の成分は次のとおりである。

① 硅質砂：硅酸を主成分としている砂で表面の凹凸は少ない
　　　　　　長石類、石英、角閃石類、輝石類、雲母類
② 炭酸砂：炭酸カルシウムを主成分としている砂で、表面が粗く多孔質
　　　　　　有孔虫砂：有孔虫（星砂、貨幣石）
　　　　　　サンゴ砂：造礁サンゴ骨格
　　　　　　貝　殻　砂：貝殻（フジツボ殻なども含む）

3）砂　粒

　砂粒の大きさは、前浜で大きく後浜に向って小さい傾向があり、波打ち際の砂では波のおだやかな前浜では細かく、波のあらい前浜では大きい。砂粒の大きさの違いによる間隙の大きさは、そこに生息する間隙動物の種類を制限しているが、砂粒の粒度組成と間隙動物の選好性の関係は明らかでない。

　礫や砂は大きさに関係なしに比重の高い海水中では浮きやすく、防波堤沿いや水深10m以深の沖合へ流出してしまうと、再び前浜へもどることができず海岸浸食を引き起こすことになる。

① 砂粒の起源
　　現地性：現地で沈殿形成される鉱物
　　生物性：生物の遺殻、骨片
　　砕屑性：水や風によって運ばれた陸源物質
　　残留性：基盤岩石の風化浸食残留物
② 粒度分析

名称	礫	砂			泥		
粒径		粗	中	極細	微砂　シルト		粘土
(mm)	＞1	1	1/4	1/8	1/16～1/256		1/512

　シルト：放置しておくと濁った水が沈殿して透明な水となる。
　粘　土：放置しておいても濁った水はほとんど沈殿しないで濁ったままである。

Ⅳ. 海辺の生活環境

1）潮の動き

① 潮　汐

　海流や波浪の影響を全く受けないような内湾の奥まったところや内陸の河川、さらに河川と続いている沼や湖でも、明らかに潮汐による水位の変動が認められるところがある。潮汐によって満潮や干潮の現象が起こるが、日本海側での干満の差は平均数10cmとわずかであるが、太平洋側ではふつうは3m位になる。わが国で最も干満の差が大きいのは、有明湾の6.8mである。これは、干潮時の水面を海抜0mとすると、水面が5～6時間のうちに6.8mも隆起したことになり、その後同じ時間のうちに0mに戻るわけである。この現象が毎日のように繰り返されていることになる。

　この潮汐によって河口から河川、湖沼へと海水が上がってくるわけだが、諫

早湾の埋め立てにみられるように、この海水を堰き止めれば潮汐の影響を受けずに、農業用水の淡水化を確保できるという発想が、自然環境の破壊をもたらしているのではないだろうか。重要なのは、この潮汐の働きによって河川や湖沼の底水を停滞させることなく活性化しているのであり、多様な生物を育む大きな要因となっていることは多くの研究で実証されている。

そこで、この動きを止めようとするのではなく、逆にこの動きを最大限に活用すべきではないだろうか。実際、鳴門海峡や瀬戸内海の各地の渦潮は潮汐によって発生しているのだが、その一帯はどこも好漁場である。それは、急な潮の流れで溶存酸素が十分に溶けこみ、また下層水の栄養塩類なども表面に浮上拡散して、植物プランクトンの繁殖を促しているからである。

海面上の波浪は風によって起きるものだが、海水全体からみればごく部分的なものに過ぎない。また、海流も非常に大きな海水の流れだが、それでも全ての海水の動きとはならない。ところが潮汐にいたっては、月の引力とその半分ほどの太陽の引力という巨大なエネルギーによって、とてつもない大きな水塊が上下あるいは左右の方向に移動していて、地球上の約7割を占める海ごと動かしているのである。

② 潮　流

潮汐により海面が昇降する際には、海水が上下だけでなく水平方向にも移動する。それで生じた流れを潮流と呼んでいる。潮流も潮汐と同様、ほぼ半日および1日周期で流速や流向が変化する。

③ リップルマーク（漣痕＝れんこん）

干潮時に干上がった遠浅の砂浜の表面に、浜に平行して全面にわたって無数のさざ波のような模様が見られる。細かい砂粒の浅い海では必ずといってよいほど見ることができる。これは、寄せ波と引き波の水流が底の表面を撹乱することによって生ずるもので、水の動きに直交する山の峰と谷間からできており、この峰の下には餌となる有機物を巻き込んでいるので、微小動物たちにとっての格好の餌場でもある。

水底でなく乾燥した後浜でも風紋と呼ばれ、風によってリップルマークと同

じようなものができる。波も潮流もないおだやかな海底では、水深−5m位でリップルマークは存在しなくなる。なお、水深−2,000m前後の駿河トラフの海底を覆っている堆積物の表面にもリップルマークが見られるが、ここには毎秒30cmを超える潮流があるからと考えられている。

④ 海　流

日本沿岸の黒潮のように、海の中では大河のように海水が流れている。これは表層水だけでなく、深層の海でも大きな流れのあることが放射性^{14}Cや放射性元素トリチウムの濃度からも明らかになってきた。

海水の表面水が移動すると、その空間を埋めるために中層水が上昇することもあり、このような運動で起きる流れが湧昇流である。この湧昇流の生ずる海域が世界的に好漁場となっていて、日本では山陰沖・佐渡ケ島沖などで、世界的にはペルー沖やカリフォルニア沖などが知られている。湧昇流のような水の流れによって、栄養塩類の豊富な中層や下層の水が絶えず海面まで運ばれ、大量の植物プランクトンが繁殖し魚が集まってくるのである。水質といい食物といい、この一帯は海の生きものたちの楽園となっている。ここでも海流の巨大なエネルギーをいかに上手にとり入れるかということに留意したい。

2）水　位

① 潮上帯・飛沫帯

満潮線より少し上で満潮の時には波飛沫のあたるようなところ。ここには乾燥に耐えることができるが、波飛沫によってもたらされる塩分を必要とする生物たちがすんでいる（写真—8）。

② 潮間帯

大潮の満潮時の波打ち際を満潮線、同じく干潮時を干潮線という。この二つの線の間を潮間帯と呼んでいる。潮間帯は大潮の満潮のときには海であり、干潮のときには陸となって地球上でもっとも生物が豊富なところだといわれている。

生物の観察をするには大潮の干潮のときがよく、潮時表に示されている干潮時刻の2時間前から観察するようにし、2時間後の最干潮時には引きあげるよ

写真―9　漸新帯の海藻

うにする。潮時表に示されている干潮時刻は、それを過ぎると潮が満ちてくるということなのである。

③ 潮下帯

　干潮線より下で常に海水があり、海藻が生い茂っているところで、漸深帯（ぜんしんたい）とも呼ばれている（写真―9）。

3）波の動き

① 波は巨大なポンプ

波の動きによって海水はそれぞれの場所で頻繁に上下運動する。このために、海底面に対する水圧が絶えず変動している。このことは海底面にとどまらず、その下の砂や泥の間にまで海水が上下に流動していることになる。

砂や泥の間隙にいる底生生物は勿論のこと、水質浄化の働きをするといわれている亜硝酸化成細菌や硝酸化成細菌などの好気性細菌に対しても、波が絶えず溶存酸素を供給していることを意味している(**写真—10**)。

波打際よりも深いところの海底でも、前述のようにリップルマークのさざ波紋が一面に見られる。これはふつう水深−5m以浅の海底でみられるが、水深−30mからも知られており、波や流れの影響が海底の砂や泥にまで及んでいることを示している。

なぎさでは、波の動きによって海底の砂や砂泥の表面についている細菌たちが、いっせいに水質をよくするための生化学的なろ過活動を常に行っている。しかし、波がなくなると細菌たちの働きも止まり、魚たちもいなくなって嫌気性細菌の出番となり、悪臭の漂う汚れた海水の殺風景な景観の海岸が出現する

写真—10　波が絶えず溶存酸素を供給している．

ことになる。

　例えば、水族館に設けられたろ過循環ポンプの能力と比べてみると、波の働きは1日に2〜200トンの海水をろ過すると言われている。筆者が考えた底面式薄砂層ろ過循環装置は、正にこのことを実証していて好成績をあげているが、それでも波の働きには到底及ばない。

② なぎさは海の換気孔

　さらに波の効用は他にもある。水圧という言葉や意味は知っていても、日常では感じることがないかもしれないが、水中ダイビングをする人なら常に実感しているだろう。海底では魚の排出物、動植物の死骸、陸からの流入有機物などが溜まり、腐敗してアンモニアなどの有害ガスが発生する。この時に海底に流れがあるとか、水圧が変るとかといった具合に、何らかの原因で海底に溜まったガスが浮上して空気中に放出されることが好ましいことはいうまでもない。前者は潮流や渦潮など後者は波によるものである。

　海のなかで海底で最も水圧がかからないところは水深の浅いなぎさである。ところによっては水深0mになるなぎさもあるわけで、水圧0のなぎさこそは、寄せては返す波の起こるところとして溶存酸素をとり入れ、海底の有害ガスの放出口としての大事な役割りも果たしていることになる。

③ 溶存酸素量の供給

　直立護岸をつくったところでは、水深が深くなり海底の有害ガスの放出口としての役割りは完全に果せなくなってしまっている。この結果、もしこのようなところの海底を撹拌しようものなら、悪臭に悩まされることになる。以上のことから波やなぎさは大気や水質浄化の役割を担って、自然環境保全のために大いに役立っていることが理解できたと思う。

　私たちが誰のためにでもなく、自分自身が快適に暮すためには水のなかの生きものたちにも快適な生活をしてもらうことが大切である。

　波やなぎさの働きを活用しようというのであれば、防波堤の下部に通水孔を設けて海底の水を動かしたり、防波堤そのものを浮状構造物とすることなどが考えられる。東京湾などで多数見られる埋立島の形や配列は、潮汐や波などの

写真—11　潮上帯：飛沫の全く生じない人工岩場
飛沫帯の生物はすめないし、干潮帯の生物にとってもすみ心地は決してよいものではない．

働きを全く無視したとしか思えないもので、潮汐などのエルギーを無駄にした、実にもったいないものである。

　そこで、海中に構造物をつくる場合に、どのようにしたらより多くの溶存酸素を海中に送りこめるかを考えることが大切である。例えば、波のない静穏海域を巨大水槽と考えれば、まずエアーレーション曝気をしなければならない。魚の水槽飼育では当然なことだが、波の少ない静穏海域でもやるべきで、莫大な費用がかかるといっても、自分たちでだめにした分はそうした人が補うのは当然なことであろう（**写真—11**）。

④ 波となぎさの恩恵

　このようにして見てくると「波となぎさ」の果している役割りは大きく、ただ単に海岸の景観にとどまらず、海の機能上からも大切なことであることがわかる。

　海岸にテトラポットを置かなければならない場合や港をつくるときにも、波となぎさの果している機能を考えてデザインをしなければならないことは当然のことである。さらに、静穏海域を造成する場合には、そこの生きものたちが

酸欠にならないよう、そして有害ガスがたまらないように、その果してきた機能を残す努力と巨額の費用を惜しまない覚悟が必要である。

　生物のことを勉強したからといって、工学系の人だけで生物のくらしを云々するのは危険である。技術の習得と同様に長年にわたる多くの失敗を含む経験が必要であり、机上の知識だけではとうてい無理である。多種類の海の生きものを長年にわたって飼育してきた、生物学者と二人三脚で取り組むことによって海の恵みを最大限に活用することができる。

4）間隙水の動き
① 間隙水
砂粒の間隙にある水はつぎの5つに分けられる。
- 結合水
　　100℃に加熱しても蒸発させることができない化学的結合水
- 吸湿水
　　分子間引力によって砂粒子表面に凝縮した水で、粒子表面に引きつけられている水
- 膨潤水
　　膠質粒子の表面に保持され解離イオンを含む被膜
- 毛管水（capillary water）
　　表面張力によって吸収保持されている水で、毛細管中の水は上昇するが上昇度は毛管の半径に反比例するので、間隙が大きいと上昇度は低い。しかし、砂粒子の摩擦が小さいので上昇速度は大きい。毛管水は主に波と地下水によって供給され、蒸発によって地表から失われる。細砂ならば地下水面から30〜45cmは上昇する。
- 重力水（gravitational water）
　　重力によって間隙を自由に移動できる水で、波によって出入りしたり砂を掘ると浸み出てくる。粗い砂からなる浜では、波打際よりさらに数メートル陸側でも地下水が波の行き来に合せて上下し、潮位の変化によって水平方

向の流れも起きる。潮位変動、気圧によって間隙水の水位は上下する。

② 砂浜の呼吸による酸素供給

波が直接あたらない後浜では、間隙水の動物は水がたっぷりある地下水レベル以下にはあまり多くなく、むしろそれより上の湿った砂のなかに多いことがふつうである。この理由は砂粒の表面だけが濡れていて、それ以外の間隙には空気が充満しているところは、その空気が波による地下水面の上下移動によって吸引されたり排出されたりしている。

動物の呼吸は肺の肺胞によって血液と空気の間のガス交換をしているが、間隙水にすむ水質浄化の働きをするバクテリアを含む動物たちも、地下水レベルの上昇下降によって新鮮な空気に恵まれて溶存酸素量が多く効率よく呼吸することができる。

③ 塩分濃度

海水1,000gに含まれる塩類の重量を塩分といい、塩分の78％はNaClで各種塩類の比率は世界中どこの海でもほとんど変らない。川水が流れこむ海域は塩分が薄く外洋や蒸発する量が多い熱帯の海、あるいは海水中の水分が結氷する南極の海などでは塩分が濃い。

沖合にすんでいて、僅かな範囲の塩分濃度の変化にしか耐えることのできない生物を狭塩牲生物といい、沿岸海域や河口にくらしていて時には淡水にでも生息することができる生物など、広い範囲にわたる塩分濃度の変化にも耐えることのできる生物を広塩性生物とよぶ。

海水の塩分濃度が後浜の砂の間隙生物やバクテリアの生存に及ぼす影響をみると、汀線から5m陸側で深さ40cmの水の比重は1.006、20m陸側で深さ20cmの水の比重は1.005に対して、25mになると1.001〜2と汀線から20〜25m陸側のところで急激に下る。20〜25m陸側のところという値は一律ではなく、潮の干満に伴う地下水の進出・後退があるため周期的に変化する。

何れにしても、急激な塩分濃度の違いが見られる境界地点は、海水と淡水とそれぞれの塩分濃度に適応した砂中の生物たちの分布限界を示しているものと考えられる。

④ 酸　素

　なぎさで波が砕ける時に、波しぶきが空気にふれる面は大きく、その時に空気中の酸素が海水の粒子の間にとけこむ量も大きい。このことから、波が砕ける場所をoxygen-windowとかhigh energy windowとよんでいる。

　表面から10cm下の間隙水の溶存酸素量は、ほとんど波が無い時には0.38mg/lしかなかったが、波が弱く行き来するようになってから1時間後には1.8mg/lにまで増加した。

　波は汀線に沿った1m長の巾で前浜や後浜へ1日に2〜200m³の海水を流動させており、この時にも空気中の酸素も砂の間隙を通過して溶存酸素量が増加する。空気中の酸素は容易に拡散するが、水中に溶存酸素として溶けこむためには、水が空気中の酸素にふれる面が大きくなければならないので、空気にふれる水の動きが重要であることがわかる。

⑤ 有機被膜

　砂粒表面に間隙動物を誘引する有機被膜のようなものが存在するらしい。バクテリアが生産した何らかの有機物が砂粒表面に吸着していて、それに間隙動物たちが誘引されるようだ。

　そこで、砂をカルボルフクシンで染色してみると、バクテリアなど微生物のコロニーの周囲や凹んだところに染色される有機被膜の存在がある。有機被膜だけでなく、バクテリアなどの微生物のコロニーが砂粒表面の全体にひろがっている。

　例として、石狩浜（北海道）における原生動物を除いた間隙動物の個体数は11,477/100ccを数え、波打際（0m）では22,441/20cm²、その2m上では18,137/20cm²を認めた。

　それに対して、海水中のバクテリアの数は、海水だけだと海水1ccあたり30万個、海水と砂だと海水1ccあたり1千万個〜1億個が存在している。デトリタス（有機・無機懸濁物）はバクテリアをはじめいろいろな微生物の繁殖場であり、砂浜は間隙動物を含む砂生動物による一大浄化装置である。

5）ガス
① 溶存酸素量
- 海水中に酸素は無い

　荒浪を制して静穏海域をつくり出すために港湾施設を造った場合、いずれも汚染源があるわけでもないのに、往々にして10年近くも経つと港内に魚がいなくなってしまう。直立した岸壁にはムラサキイガイやタテジマフジツボ、マガキ、タマキビガイなど、ごく特定の種類だけになってしまう傾向になるのは何故だろうか。港を造る前の岩場には実にさまざまの生物が見られたのに、何故いなくなってしまうのか。

　港湾施設を造ったり海岸で土木工事をする場合には、なぎさを埋めたり掘ったりすることが多く、そして波を制御する防波堤や離岸堤、あるいはテトラポットなど埋設して、その背後に生ずる静穏な海域を利用してきた。

　私たちが海について思い違いしがちなものの一つに、海水中にも酸素が陸上なみにあると信じていることである。よく考えてみればあたり前のことだが、空のコップのなかには空気が入っているから当然酸素もあるが、水を入れた場合には、水が入った分だけ空気が追い出されるから空気中に含まれている酸素も追い出されて無酸素状態になる。この理屈からすると、海のなかの魚たちは呼吸できないことになってしまうのだが、実は水の粒子と粒子のすき間に溶けこんで入っている溶存酸素を吸って生きているのである。したがって、水のなかでは僅かな量の溶存酸素があるだけで、酸素は存在していない。

- 水のなかはいつも酸欠状態

　はるか昔には、生物はすべて水中生活をしていたが、約3億年ほど以前の古生代デボン紀に上陸しだしたのだろうといわれている。それ以前は、紫外線が強過ぎて水中でなければ生存できなかったようである。そして、海藻や藻類あるいは植物性プランクトンなどによってつくられた酸素が陸上に少しづつたまりはじめ、オゾン層などが増えるにしたがって、上陸しても生存で

きるようになった生きものたちが、酸素の豊富な陸上で繁栄してきたのである。

　陸上の空気中に占める酸素量と水中に占める溶存酸素量とを比較してみると、空気量1,000 mg中に前者が酸素量200 mgもあるのに対し、後者はたった溶存酸素量5 mgしかない。しかも、水のなかでは魚たちだけでなく水草も海藻も植物プランクトンも、さらにバクテリアなどの細菌類までもが少量しかない溶存酸素量を消費していることになる。したがって、酸素をたっぷりと含んでいる空気と接触することにより、常に水の粒子の間に溶存酸素を補充する必要がある。溶存酸素量は300％以上の過飽和にならない限り、魚がガス病になることはない。だから常に100％以上の溶存酸素量があっても魚たちにとって有害なことはないのである。

　静穏な海では空気中の酸素が海水面に溶けこむ量は僅かなのに対し、波、渦、飛沫などのように空気に十分に触れる状態であれば、水中の溶存酸素量が増えるのである。水中の生きものたちにとっては、この自然現象が命の糧となっているのである。とりわけなぎさでは、海水量に対して波の動きによる酸素の取りこみが大きく、たっぷり溶存酸素量があるので多種多様な生物が生息できる場所となる。さらに空気中と水中とでは、酸素の拡散が大きく違ってくる。空気中に酸素が拡散する早さに対して、水中で溶存酸素が拡散する早さの違いは実に1/8,000であり、このことからも水を撹拌する必要が認められる。

　水槽内で海の生きものを飼育する場合に、必要最小限の飼育装置として水を流したり曝気をするのはこのためである。このような装置もない場合には、水面を広く水深を浅くして、酸素が水に溶けこむ空気の面積の比率が水量に対し大きくなるようにすることが絶対必要である。空気に触れる面積が小さく、水の流動がない容器にただ海水を入れただけで放置しておけば海水中の溶存酸素量の欠乏を招き、そこでは生きものは生存ができなくなる。これを死水という。これは、港湾であっても全く状況は同じなのである。

このことは魚を飼ったことのある人であれば常識だが、海での工事となると海は自浄力があるので水槽とは違うと信じて、荒波はいざ知らず、小さな波までなくしてしまうことに努力しているように見える。

- 溶存酸素

　陸上と海中との違いは、陸上では大気中の酸素なのに、海のなかでは海水の粒子の間にとけこんでいる溶存酸素であるということは前にも述べた。このために、当然のことだが、溶存酸素量の絶対量が極端に少ない。海水中の溶存酸素量は大気中の酸素量に比べて1/40しかなく、180/1,000では生存不能の私たちにとっては、信じられない値である。この数字からみると、水のなかの生きものたちは酸欠寸前の環境下でくらしているようなものである。水のなかの生きものの手当として酸素を十分に溶けこめるように、曝気をすることが最善の治療法であることはこのためである。自然環境下において溶存酸素量が減るようであれば、それだけ自然界で溶存酸素を利用している生物たちが減少することになる。

　荒波を押えて港をつくるとか、川の流れを堰き止めて海水が上ってこないようにすることは、必然的に生物の生存を脅やかすことになる。陸上の常識は水のなかには通じないと思って計画をたてれば、自然環境をどのようにして残せばよいかが自ずと分かってこよう。

　溶存ガスの量は気圧に比例し、水温や塩分濃度に逆比例するので、とりわけ夏期に酸欠を起しやすい。天然では植物だけが酸素を生成できるのであるから、海藻や植物性プランクトンなどがなくなるということは、海中の酸欠をさらに進めることになる。

② その他

- 溶存二酸化炭素

　大気中の二酸化炭素は、化石燃料としての石油、石炭などの消費によって年々増え続け、2020年頃には濃度が今の倍になり、地球の平均気温が2℃ほど上昇するであろうと言われている。人類が今世紀に放出した二酸化炭素の50％のうち、光合成によって有機物となるものが20％、残りの30％は海

洋に溶けこむ。空気中の二酸化炭素の60倍にあたる量が、重炭酸の形で海に溶けこんでいることになる。

- 溶存窒素ガス

海水中には、通常105％の過飽和の状態で存在している。魚類のガス病（潜水病）はこの溶存窒素ガスによるものであり、116％以上を超えると発病する魚種が見られる。魚種によって違うが、150％ほどになると数時間後には、明らかにガス病の症状が現れる。発生のメカニズムは、アンモニアが海水中でバクテリアによって分解するときに一定量の溶存酸素が消費され、これに比例して硝酸がつくられ、この硝酸は脱窒菌の働きによって窒素ガスに替わるのである。

海水中では、栄養塩などの栄養物質さえ十分に供給されれば生物生産量が増えるが、特に必要なのは窒素とリンで、なかでも窒素が不足すると影響が大である。

ふつうの植物性プランクトンは窒素やリンが不足すると繁殖できないが、水深70～100m位のところの水には、これらの物質が多量に蓄積されているので、この水を海面まで持ち上げて拡散することができれば、プランクトンの大繁殖が実現する。そうなれば、栄養塩類が少なくて海の砂漠といわれるほど生きものの少ない沖合いの海も豊かな海になることだろう。

- 硫化水素

汚濁有機物の量が多くなると、それがバクテリアによって分解され、そのバクテリアによって溶存酸素は大量に消費され無酸素状態になる。そうして硫酸塩還元細菌によって硫化水素がつくられる。この無酸素の死の水塊は、沿岸にすむ魚や貝を全滅させてしまう。硫化水素が発生するようになると、そこは正に死の海となってしまう。

V. 自然環境を残す意義

① 無重力の世界のエネルギー

　鳥でも昆虫でも、生まれた時から死亡するまで一度も着地をしたことがないというような動物は陸上には存在しない。ところが、海ではこのような無着陸生活を送っている動物は珍しくない。例えば、クジラやイルカ、カツオやマグロ、アジやサバなどクラゲの仲間も、そして、植物性のプランクトンも一生涯浮いたままの生活である。海水は淡水に比べて比重が大きいからその分浮きやすく、生きているうちは一回も着地しないですむ生きものがたくさんいても当然である。陸上では体重を支えていなければならないが、海水中では無重力状態なので体を支えるエネルギーはほとんど不要となり、一生無着陸状態を続けられるのである。

② 変温動物の体温

　海のなかの動物たちのほとんが変温動物であって、まわりの水温の寒暖にあわせて体温を維持している。そのため、体温調整のエネルギーが不要である。また、定温動物のクジラ、イルカ、アシカ、アザラシなどの哺乳類やペンギンのような鳥類は、水中にいれば陸上の大気の大きな温度変化にあわせる必要がなく、－2～28℃ほどだけの温度変化の水中で一定の体温を保つことができるように進化してきたのである。

③ 静穏な環境

　地上では嵐によって大きな被害を受けることがあるが、海では影響を受けるのは海面の波浪だけであって、海中は常時全く静穏な環境である。そのためもあってか、海の生きもののなかにはシーラカンスで知られるラティメリアをはじめ、シャミセンガイ、オキナエビス、カブトガニなど、生きている化石とよばれるものが大昔から生き続けてこられたのである。

　このように、陸上にくらべて消費するエネルギーが少ないので、小型魚でなければ3カ月位餌をとらなくても死ぬようなことはない。筆者の経験したとこ

ろでは14カ月断食した魚が、その後摂餌するようになり、飼育下で1万日以上生存した例があった。これも上記の体重や体温に対するエネルギーが少なくて済むからであると思われる。

④ 砂浜の経済価値

どこの水族館でも、ただ海水に魚を収容しているのではない。常に飼育水をろ過循環していなければ生きものは死んでしまう。しかし、海と同じ良質の水として維持するためのろ過循環に要するコストは膨大なものになる。それでも良質な海水を維持するのは無理で、新鮮な海水を毎月入れ替えているところや、年に2〜3回入れ替えているところが多いようだ。

また、神奈川県藤沢市の江ノ島に面した片瀬海岸に湘南なぎさシティをつくる計画があった。この計画によって失われ、機能が低下してしまう恐れのある砂浜のうち、前浜（満潮時は海になり、干潮時には陸になる潮間帯）分だけでも人工的に浄化するとなれば、年間最低145億円の電気料金が必要となる。さらに、このための設備費・人件費・設置場所などが必要となるから、恐らく数百億円の支出となるであろう。

このように、ろ過設備にいくらお金をかけて立派にしても、どうしても限界がある。海の水はこの地球ができてから入れ替わったことは一度もなく、スケールの違いがあるものの、海の方がはるかに性能がよいことは残念ながら事実である。

なぎさでは波が寄せては返すだけでなく、時化とか潮汐によって常に浄化作用が繰り返されている。そのためかどうか、海岸に行って遊んだり散歩して景色を眺めるのは心が和むだけでなく、空気も清浄だからではないだろうか（**写真―12**）。

⑤ 自然な砂浜を残す意義

砂浜の目詰まりは溶存酸素量の欠乏を招き、砂の隙間でくらす生物が死滅してしまい浄化機能が失われることになる。浄化機能がなければどうなるかというと、腐敗物から発生するアンモニアがそのまま残り、一帯の海岸は汚染化が進み、環境は急激に悪くなってしまう。砂の間の生物が生きている砂浜、砂が

写真—12 波の寄せ返しにより、常に浄化がはかられている.

写真—13 生きものに触れることができる海辺は、子供たちの格好の遊び場でもあり、学習の場にもなる.

生きているということは非常に大切なことである(写真—13)。

　このような大切なところに、無用な砂浜だからといって埋立てて大きな施設などの構造物をつくるということは、波の働きが制御されて、いつのまにか浄化作用が失われてしまう。これからみると、海岸の埋立ては完全にその浄化機能を奪ってしまうことになる。

例えば、東京湾岸を上空から見ると多くの四角形の埋立地が見える。これなども湾の奥まで潮の干満の影響を受けて潮通しをよくして、少しでも東京湾の水質を保全しようという考えが当初からあったならば、あのような形の埋め立てにはしなかったであろうと、残念な限りである。

⑥ ミティゲーションを条件とした開発

止むを得ず開発が必要な場合には、それによって失われた自然を別の形で復元し、トータルとしては損失がない状態にするのが、ミティゲーションと呼ばれているものである。漁業補償のように環境が金銭に替わったり、補償されるのが人間に限定されていないことが最大の特徴で、沿岸域の自然動植物を含む環境そのものの現状復帰、あるいは等価環境の創造がミティゲーションの絶対条件である。

つまり、前述の湘南なぎさシティの工事が行われても、水質は従来と変らないのだと断言するためには、そのための費用の支出をあらかじめ計画のなかに入れてことを運ぶべきである。このようなことを考えれば、砂浜の自然をそっくりそのままにしておくのが、最も安上りで経済的にも賢明であることが理解できるはずである。

どのような名目であれ砂浜をそのままにしておかないで、どうしてもそこに施設をつくろうとするならば、砂浜の生きものたちが果たしている機能分は別の形で出費を計上して、常時補てんするのは当然のことである。それには、あらゆる分野の水生生物の専門家を交えて、みんなで智恵を出し合って、きれいな水と大気と生きものを残すよう、せめて30年先を見据えて砂浜に生命が息づく、世界に誇れる文化・リゾート地区を作りたいものである（**写真—14**）。

ただし、この手法はあくまでも最終的な処置であって、決して開発の便宜に使われないよう気をつけるべきである。なぜならば、一旦失った自然は、二度と同じ自然をつくることができないからであり、復元できてもそれは似たような自然であって、コピーすることはできない。

2．海の生き物と海辺の環境

写真—14　ヒトデや貝を見つけて喜ぶ子供たち
漁師にとってはゴミのような生きものでも、子供達には宝物となる．

したがって、今までは「開発で何かをつくることで、そのためにどうしたらよいか」という発想からのさまざまな取り組みであったが、これからは「開発によっていくら利益が生ずるかと同時に、いくら損失があるかという正確な収支計算をすること」であり、さらには「つくらない」ことも重要な選択肢である。そのままの自然に手を加えないことが、経済的にもどれだけ素晴らしいことであるかは誰にでもわかるはずである。

3. 藻場（海の植物）と干潟

向井　宏[*]

　生物のすむところは、地球のほとんどすべての表面にわたっている。そして、海は生物が20億年以上も前に誕生して以来、いつでももっとも生物の豊富なところであった。しかも、海のもっとも浅いところの沿岸浅海域は、生命を誕生させ、そして多くの種類の生物種を生み出した進化の表舞台でもあった。海水は有害な強い紫外線から生物を守り、極端な高温や低温・乾燥などの過酷な条件から生物を守ってきた。生物の一部が陸上へ進出した後も、海との関係は完全には断ち切れていない。むしろ、海が存在することによって安心して陸上に進出することができたと言えるのではないだろうか。

　すべての生物は他の種類の生物と、食う－食われるの敵対関係や競争関係、お互い助け合う共生関係など何らかの関係を持ち、「生物群集」といわれるものを形成する。生物群集は単なる生物の集合ではなく、お互いに相互作用を持った生物間の関係の繋がりといったものである。生物群集はそれを取り巻く物理化学環境と一体となって、生物元素の循環やエネルギーの流れなどのひとまとまりのシステムを作る。それを「生態系」と称する。つまり、「生物群集」は生物の種の間で、「生態系」は群集と環境との間で、物質やエネルギーのやり取りがなされるような集合概念である。

　生物群集においても、そして当然、生態系においても、物質やエネルギーの基礎は緑色をした生物、つまり植物が光合成によって環境の無機物質および太陽エネルギーを利用して植物体自身を作り出すことであり、それを基礎生産と

[*]北海道大学厚岸臨海実験所

いう。動物やバクテリアなどは植物やその死骸を食べることによって、初めて生活できるのである。植物はすべての生物の基礎となっているので、光合成をする生物（植物）を基礎生産者と呼ぶ。

海のなかも陸上も、生物群集や生態系の原理は同じである。海の生態系における基礎生産者は、海の植物たちである（もっとも、わずかの場所では、バクテリアによる化学合成が植物による光合成に取って代わって基礎生産を行っている例外がある）。海の植物では、植物プランクトンと大型海藻（および海草）が、あらゆる面において対照的な二つのグループを形成している。

1. 植物プランクトン

1．海水をメディアとする生活形

海のなかと陸上とのもっとも大きい違いは、メディアが海水であるか、空気であるかという違いである。海水は空気に比べて圧倒的に密度が高く、比熱も大きい。この性質の違いから、海の生態系のもっとも特徴的な生物群集は浮遊生物（プランクトン）である。プランクトンは海水のなかに浮遊し、漂う生活をする生物のことで、クラゲのように大型の生物もいるが、一般に体は非常に小さい。海水のあるところは世界中どこでもかならず生活している。プランクトンのうち、葉緑体を持ち光合成を行っているものを「植物プランクトン」という。植物プランクトンは終生浮遊生活を行い、大部分が単細胞の生物である。しかし、多くの細胞が集まり、群体を作ることも多い。このように海のなかの生物を支える重要な要素でありながら、赤潮のような大増殖が起こらない限り、植物プランクトンが景観（ビオトープ）を構成することはほとんどないと言ってよいだろう。逆に言えば、赤潮のように、植物プランクトンが景観を構成するようになることは、重大な環境の危機を表していることが多い。

2. 珪藻・ナノプランクトン・ピコプランクトン

　植物プランクトンには、多くの違った植物のグループが含まれている。もっともよく知られているのが珪藻類である(**写真―1**)。植物プランクトンのうちでは比較的大型で、群体を作る種類も多い。古くから、海洋観測で行われてきた植物プランクトンを採集するネットの目合いの大きさが100ミクロンであったので、植物プランクトンの研究はもっぱら100ミクロン以上の大きさの種類で行われてきた。その後、もっと小さい珪藻類がたくさんいることがわかり、さらに小さい目合いのプランクトンネットが植物プランクトンを採集するために使われるようになった。20ミクロンから200ミクロンまでの植物プランクトンを小型プランクトンと呼ぶ。この大きさでは、群体を作る藍藻類をのぞいて、珪藻類や渦鞭毛藻類などの珪藻のような殻を持たない藻類がもっとも豊富で、どこにでもみられる。夜光虫は大きさが数百ミクロンにもなり、渦鞭毛藻類のなかでももっとも大きい種類であり、夜の海で美しく光る。ほかの多くの渦鞭毛藻類は、夜光虫と同じように夜の海でキラキラと美しく光るものも多い。ビオトープとしては一般的には認識できない植物プランクトンではあるが、渦鞭毛藻類の夜の発光と赤潮の色は、好ましいものと好ましくないものの違いはあるが、それぞれ景観として認識できる数少ない例である。

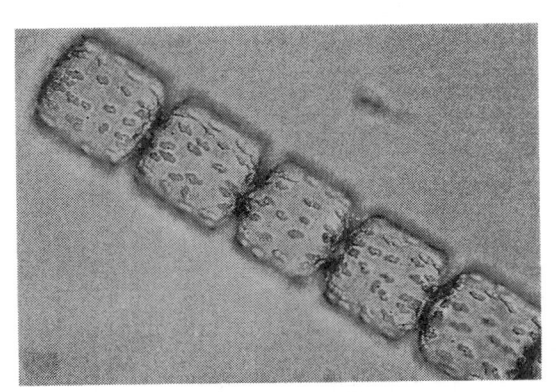

写真―1　植物プランクトンである珪藻 *Lauderia annulata* の群体
　　　　　(財)千葉県史料研究財団、1998)

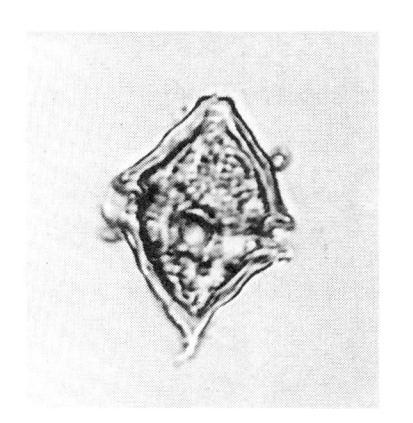

写真―2　赤潮の原因となる植物プランクトン *Heterocapsa triquetra*
((財)千葉県史料研究財団、1998)

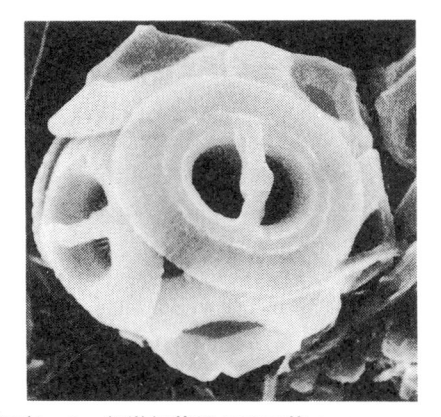

写真―3　超微細藻類の円石藻 *Gephyrocapsa oceanica* の走査型電子顕微鏡写真
きわめて美しい幾何学的模様を示す．
((財)千葉県史料研究財団、1998)

　しかし、最近の研究では、もっと小さいサイズの単細胞藻類が、その数はもちろん、量的にもきわめて多いことが明らかになった。10ミクロンくらいの小さいからだをもった鞭毛藻類が中心であるが、これをナノプランクトンと呼ぶ。ミドリムシ類のように、鞭毛藻類は赤潮の原因となる主要なグループである(写真―2)。多くの種類で毒素を持ち、赤潮状態となった場合は魚や貝類などに有害となる。

　植物プランクトンには、さらにもっと小さいグループがあることがごく最近になって明らかになった。ハプト藻(円石藻など)のグループである(写真―3)。これらの藻類は非常に小さくてピコプランクトンと呼ぶ。体はせいぜい数ミクロンの大きさで、バクテリアより少し大きい程度である。小さいけれど炭酸カルシウムでできた立派で精巧緻密な殻を持ち、まるで芸術作品とも言えるものである。自然はいったい何の目的でこのような誰も見ることのない芸術作品を作り上げたのだろうか。このような微小な藻類は、しかし、一滴の水のなかにおびただしい数が含まれていることがわかったのである。海域によっては、植物プランクトンの生産のかなりの部分をこの微小藻類が担っている(高橋ほか、1996)。

植物プランクトンは人間の目に見えず、海洋生態系の重要な役割を持っているにもかかわらず、ビオトープとしての価値はあまり顕著ではない。その理由は、海水に浮遊することによって、体を支持する茎や幹のような部分を持たないために、生産されたからだの大部分は、死ねば直ちに分解されることになっているからである。もちろん、見えないから重要でないということはないのであるが。

II 海の森林と草原

1．マングローブの林とサンゴ礁

陸上の景観を作る顕著な生物は、森林を作る木本類と草原を作る草本類である。しかし、海にも森林と草原がある。本物の森林は、熱帯地方のマングローブ林である。これは、海とはいっても陸との境目のいわゆる潮間帯の泥底にできる森林である。マングローブの林は、日本ではそれほど背が高い森にはなら

写真—4　パラオ諸島のマングローブ林
左手前の長い気根を持つ樹は *Rhizophora mucronata*、右方は *Soneratia alba*.

ないが、熱帯アジアやオーストラリアのマングローブ林では、背の高さが数十メートルにもなり、熱帯雨林にひけを取らない立派な景観を作っている（**写真—4**）。マングローブ林は、マングローブ湿地とも呼ばれるように、林床は満潮時には海水が幹の中程までを浸し、水上林の景観をなすが、干潮時には海水がなくなり、地面が顔を出す。干潮時には湿地の状態になるのである。

熱帯地方の沿岸域には、陸から順に、マングローブ林・海草藻場・サンゴ礁があり、その外側は深い海に囲まれている。熱帯地方の浅海域のこの3つの生態系は、全体で複雑・多様な沿岸生態系を形成しており、同時に豊富で多様な浅海の生物相を支えている。温帯や寒帯地方では、沿岸域のこのような生態系は、岩礁・干潟・海藻藻場・海草藻場などに代わっているが、沿岸環境域の生態系における重要性には変わりがない。

2．サンゴ礁と藻類

熱帯浅海の代表的なビオトープとも言うべきは、サンゴ礁（**写真—5**）であろう。サンゴ礁は、動物の石サンゴ類が作る炭酸カルシウムの骨格によって作られている。しかし、石サンゴ類の大部分は体内に単細胞の藻類（*Zooxanthella*）

写真—5　沖縄の石垣島のサンゴ礁

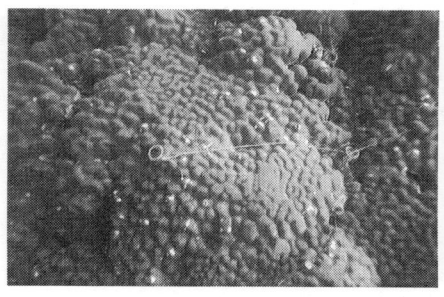

写真―6 サンゴの群体に穿孔して棲管をつくり、殻口から粘液を出して餌を集めるフタモチヘビガイ（沖縄石垣島）

写真―7 樹状のサンゴ（エダミドリイシ）の間にすむ小魚たち（沖縄石垣島）

をもち、藻類との共生によって生活を成り立たせているので、サンゴ礁はいわば骨格を持った海藻群落（藻場）のようでもある。共生している藻類の立場から言えば、サンゴ礁は自分で波や海水の流れに耐えるための強力な骨格を作る代わりにサンゴを利用して作った、いわば森林とでも言えるものだろう。もちろん、共生藻類は太陽の光エネルギーを利用して積極的に光合成を行って有機物を作っており、基礎生産者としてサンゴ礁にすむ多数の動物の生活の物質的基礎を支えているのである。一方、サンゴ礁はそれ以外にも骨格が作る空間の複雑な構造によって、多くの魚類やそのなかにすむ生物の生活基盤を提供している（写真―6、写真―7：西平、1996）。

3．海草と海藻

　陸に近い浅い海では、大型の海草（海藻）が群落をなしているのを見ることができる。海底が岩や転石の場合は、西日本など暖流の影響の強い海域では、浅いところにホンダワラ類、深いところにはアラメ・カジメが生え、寒流の影響のある海域では、浅場にヒバマタ類、深いところにコンブ類がみごとな景観を作っている。内湾の海底が泥や砂のところでは、アマモなどの海草が生えている。

　海洋の植物で優占しているのは植物プランクトンであるが、浅い海では植物

プランクトンよりも大型植物の方が生産力も大きいことがある。海の大型植物は、いわゆるカイソウと呼ばれる。カイソウと呼ばれる植物には、コンブ・ホンダワラ・アオサ・ワカメなどの「海藻(藻類)」と、顕花植物である「海草」がある。海草には、アマモやスガモなどが知られる。どちらも大型の植物で、「藻場(もば)」と呼ばれる群落を形成する。ビオトープを形成するのは、この海藻と海草の作る藻場である。「藻場」という言葉は、本来は「アマモ場(アジモ場)」と「ガラモ場」を総称していった言葉で、瀬戸内海の漁師の呼び方であった。瀬戸内海は全体が浅い海からなっており、至る所でアマモやホンダワラが生育していて、海全体にしめる藻場の割合がもっとも多い海域であり、そのようなところで漁業が営まれていたために、「藻場」という言葉が生まれたのであろう。

4．コンブ・ガラモの森林 kelp beds

　海藻が作る藻場のうち、ホンダワラ類が作るのをガラモ場とよび、コンブ類やアラメ・カジメなどによる背の高い藻場は海中林と呼ばれる。世界でもっとも大きくなる海藻は、ケルプと呼ばれる褐藻類で、最大200mにもなり、すべての生物のなかでも最大の大きさである。ケルプは、南北アメリカ沿岸やオーストラリアなどに生育し、巨大な海中の森林を形成しており、北アメリカではケルプの森で遊ぶラッコやアザラシが有名であるが、残念ながら日本ではケルプは見られない。

　海藻(藻類)は胞子で繁殖する、より原始的な形質を持った植物で、進化の歴史は非常に古く、生命の誕生とあまり変わらない古さを持っている。多くの種が単細胞で、植物プランクトンがその代表であるが、一般に海藻と言うときは目で見える大型の多細胞藻類を指す。海藻には世界で約10,000〜20,000種類が知られているが、日本でも1,000〜2,000種類ほどもある。

　「海藻」が海の環境との関係で、「海草」と異なっているもっとも大きい点は、海草が主として砂や泥の海底(堆積物底という)に根を生やして生育するのに対して、海藻は岩や転石、貝殻などの堅い基盤に付着して生育することである。

これは、海藻には「根」「茎」「葉」という分化が生じておらず、堆積物のなかで効果的に体を支えることができないからである。そのために、岩や転石の上に付着して成長する。これは、コンブのような体の大きさが10mを超えるような海藻でも同じである。大型植物である海藻には、紅藻類・褐藻類・緑藻類の三つのタイプがある。海藻の体のなかに含まれている色素の違いによって、海藻の色は決められている。また、この色素たちは、光の波長や強さと海藻の光合成との関係において重要な役割を持っている（横浜、1985）。

5．海草の草原

海草は、陸上の花を咲かせる植物（顕花植物）の仲間で、海のなかでは非常に種類が少なく世界中でも約50種余りしかない。そのうち、日本で見られるのは、温帯地方でアマモ*Zostera marina*（**写真—8**）、コアマモ*Zostera japonica*、オオ

写真—8　神奈川県三浦半島小田和湾のアマモの群落

アマモ*Zostera asiatica*、タチアマモ*Zostera caulescens*、スゲアマモ*Zostera caespitosa*、スガモ*Phyllospadix iwatensis*、エビアマモ*Phyllospadix japonicus*の7種類、亜熱帯地方(沖縄)では、リュウキュウアマモ*Cymodocea serrulata*、ベニアマモ*Cymodocea rotundata*、ボウバアマモ*Syringodium isoetifolium*、リュウキュウスガモ*Thalassia hemprichii*、ウミショウブ*Enhalus acoroides*(**写真―9**)、ウミジグサ*Halodule uninervis*、マツバウミジグサ*Halodule pinifolia*、ウミヒルモ属の3種類*Halophila* spp.など10種類前後が知られている。沖縄に見られる熱帯性の海草は、インド・太平洋の熱帯域に広く見られる種類とすべて共通の種類であるが、温帯地方のオオアマモ・スゲアマモ・タチアマモの3種は70年くらい前に日本で発見され、日本だけにしか分布していない貴重な種類である。これら貴重な海草類は、かつては日本海や北海道沿岸を中心にかなりの範囲で発見されていたが、最近の埋め立てや海洋汚染などの開発の影響によって各地の藻場が消滅し、とくにその内のオオアマモは、現在筆者が住む北海道の厚岸湾のわずか2カ所の藻場だけが残された分布域である。しかも、その内の一カ所には埋め立て計画があり、種の絶滅のおそれがある。

　海草類は約1億年くらい前に、海から海藻類が陸上に進出して陸上植物を進化させた後、再び浅い海のなかに入ってきた植物で、動物では鯨やあざらしなどのような海の哺乳類に匹敵する、もっとも進化した顕花植物の仲間である。

写真―9　沖縄西表島崎山湾のウミショウブの群落　(撮影:相生啓子)

写真―10　西オーストラリア、ロットネスト島の*Posidonia australis*の群落

一般に海草類は、平坦な泥や砂泥の海底に一面に広がって生育する(スガモ属の海草だけは例外的に岩の上に生育する)。凹凸のある岩礁に生育する大型海藻類が海の森林とするならば、海草類の群落は海の草原や芝生というにふさわしい景観を持っている(写真—10)。

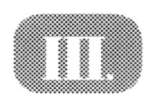

III. 高い生産性

1. 季節による成長

　海藻類は、陸上植物の落葉樹や一年生の草本類と同じような、季節によって異なった成長パターンを持っている。ただ、海藻の場合は陸上植物よりもやや早く、一般的にいえば、冬のはじめ頃から成長が始まる。冬から春にもっとも成長・繁茂し、春の終わり頃から生殖が始まり、夏には枯れてしまう。もっとも海藻類が繁茂する春から初夏の頃には、海藻藻場の現存量は最大に達し、海岸の大部分が多量の海藻類で覆われる。この一年生の海藻類の生産量は、この時期の現存量にほぼ等しい。本州南岸の黒潮の影響がある海域では、やや深いところにアラメやカジメの群落がある。カジメ群落の生産量を測定した結果(田中ほか、1984)によると、その年間生産量は$1m^2$あたりほぼ2,800g(乾燥重量)くらいになる。この生産量は、陸上の水田の生産量にほぼ等しい。

　一方、海草類は陸上植物でいえば常緑樹のように、一年を通して葉を展開しており、光合成も成長も続いている。一株の海草には普通数枚の葉がついている。その一番内側の葉が、もっとも新しく成長してきたものである。新しい葉はどんどん伸張を続け、その時期の最大葉長に達した時点で生育を停止する。しかし、停止する前の新しい葉の出現により、成長は新しい葉の伸張の方に回る。

　陸上と異なり、海水中では夏期と冬期の温度差が少ないため、成長および光合成量の差も小さく、そのために年間を通して比較的安定した生産が確保され

表—1 世界の主要な植生生態系における純生産量と現存量

生態系植生系植生	純 生 産 量 (乾燥重量 g/m²/年)	現 存 量 (乾燥重量 g/m²/年)	光合成部分の比率 (%)
極地のツンドラ	100	500	15
ツンドラの低木林	250	2,800	11
針葉樹林			
北部タイガ	450	10,000	8
タイガ中央	700	26,000	6
南部タイガ	850	33,000	6
ブナ林	1,300	37,000	1
カシ林	900	40,000	1
草原（ステップ）			
温帯	1,120	2,500	18
乾燥地帯	420	1,000	15
砂　漠			
低木地帯	122	430	3
亜熱帯	250	600	3
亜熱帯森林	2,450	41,000	3
乾燥サバンナ	730	2,680	11
サバンナ	1,200	6,660	12
熱帯降雨林	3,250	50,000	8
マングローブ林	930	12,730	6
大洋	125	3	90?
大陸棚	350	10	90?
海藻藻場			
温　帯	600〜2,000	100〜 330	ca. 60
熱　帯	730〜4,400	200〜1,640	ca. 30
農　地	650	1,000	—

ている。このように、海草類では一年中生産が見られることから、現存量の多さだけでなく、とくに生産量も非常に大きい。表—1に地球上の主な生態系の単位面積あたりの基礎生産速度を示しているが、これによると、温帯海草藻場の生産力は温帯落葉樹林の生産力とほぼ同じくらいであり、熱帯海草藻場の生産力は熱帯降雨林のそれに匹敵するものである。

2．浄化作用

海藻・海草は海水中や海底の堆積物のなかから、アンモニアや硝酸の形で窒素分を、燐酸の形で燐分を、溶存している二酸化炭素の形で炭素分を吸収し、太陽のエネルギーを利用して光合成によって体内に有機物を作る。この有機物が、植物体の成長をもたらす。この過程で、海草や海藻は海水中および堆積物

中の栄養塩を吸収して海をきれいにする働きを持っている。この作用はすべての植物に共通の作用であるが、植物プランクトンが寿命のきわめて短い単細胞生物であり、その現存量が非常に小さいのにくらべて、大型の海藻や海草類は半年から1年以上の永い寿命の植物体を持ち、非常に大きいバイオマスを持つことによって、海水や海底堆積物に対する浄化作用は植物プランクトンと比べて非常に大きくなる。なぜならば、同じ量の栄養塩を吸収して増殖しても、植物プランクトンの場合は、それ自体が海水の濁りを引き起こし、極端な場合は赤潮となる。また、寿命が1日から数日という短い単位であるので、栄養塩は枯死後直ちに海水中に回帰してしまい、浄化作用の効果はほとんどなくなってしまうからである。

　海藻類による栄養塩の吸収速度は、その生長量（単位時間あたりの生産量）から計算できる。例えば、ヒバマタ類のような一年生海藻の場合では、$1m^2$あたりの炭素に換算した生産量が1年間で640～840gCであった。この値を、植物プランクトンで知られている植物体の元素構成比（レッドフィールドの比）（炭素：窒素：リン＝106：16：1）を使って換算すれば、窒素の生産速度（吸収速度）は97～128gN/m^2/年くらいになる。一方、多年生の褐藻類であるカジメでは900gC/m^2/年、アラメでは660～990gC/m^2/年となり、それぞれ窒素に直すと、137gN、100～150gNとなり、褐藻類全体としてみると91～136gN/m^2/年となる（小倉、1993）。これくらいの濃度の窒素栄養塩が海藻藻場の海水から海藻類に取り込まれることによって、海水の浄化が行われていることになる。もちろん、海藻類も枯死することによって藻体の大部分が分解し、海水に栄養塩を回帰させるために、その時期にはむしろ浄化作用よりも海水の栄養塩を増加させることになる。それでも、成長期間の春の植物プランクトンの大増殖などの時期には、海水の浄化に大きい役割を果たしているということができる。

　また、自然の藻場ではないワカメの養殖施設でも、自然の海藻群落と同じようにワカメの葉状体によって生産がなされており、その生産量は180gC/m^2/年、アサクサノリ（アマノリ）の養殖では230gC/m^2/年となり、自然の多年生海藻の生産量に比べるとむしろ低くなっている（山口、1993）。窒素に換算する

と、ノリでは34.8 gN/m²/年、ワカメでは72 gN/m²/年となる。これは、ノリやワカメが秋から早春までの冬期間だけ成長をする一年生、もしくは半年生の海藻であるためである。それにもかかわらず、養殖の海藻類はそのほとんどすべての植物体が食用に陸上に取り上げられることを考えると、冬期のノリやワカメの養殖事業は自然の海藻藻場の場合よりも、沿岸の海洋環境の改善に非常に役立っていることが理解できるであろう。

前述したように、海藻類は一般に冬期から春期に主として生長する植物であるために、もっとも海の汚れが著しい夏期の海水浄化作用にはあまり有効に作用していない場合が多い。また、海藻類は岩礁上に付着して生育するために、海底の堆積物（泥）の浄化には役立たない。

一方、海草類は冬期と夏期の生長量は異なるものの、一年中成長を行っており、夏期の海水の浄化作用にも重要な役割を持っている (Mukai *et al.*, 1979；Aioi *et al.*, 1980)。その生産速度は温帯のアマモでは乾燥重量で600〜2,000 g (600 gC)/m²/年にもなり、温帯地方の落葉広葉樹林の生産量に匹敵し、熱帯の海草藻場では年間1 m²あたりの生産量が乾燥重量で730〜4,400 g (1kgC) を超し、熱帯降雨林の生産量に匹敵するほどである（表—1）。この生産量が窒素や炭素・リンなどの栄養元素の一時的な海草体への貯留という形での、海水の浄化作用を持っているのである。

しかしながら、日本の沿岸域での海藻や海草藻場の面積は、大幅に減少しており、例えば、東京湾では60年前に比べて海草藻場は5％以下に減少しており、湾内全域にあった藻場が現在では湾口近くのほんの一部に限定されてしまっている。また、瀬戸内海では1958年からわずか6年間でアマモ場の40％が埋め立てなどの開発行為によってなくなってしまった。

さらに、人間によって大量に排出される栄養塩（例えば、1日320 tの窒素が東京湾にそそぎ込まれている）が、植物プランクトンによって直ちに利用され、植物プランクトンの大増殖（赤潮）が起こっている。この植物プランクトンの大増殖は海水中の光条件をますます悪化させ、わずかに残っている海草や海藻の生育を阻害し、ますます藻場を衰退させているのである。

Ⅳ 生物たちのすみか

― 藻場の生物群集 ―

　海藻(海草)の森や草原は、その高い生産性とともに、海のなかに動物たちのすみかを提供していることによって、そこにたくさんの生物の集まりを作っている。藻場には魚からゾウリムシ類まで、昆虫を除くほとんどすべての動物群が見られるのである。藻場に多くの魚たちが集まってくることは、漁師は誰でも知っている。それは、海藻に多くの無脊椎動物がすんでいるからでもある。魚は餌と隠れ家を求めて藻場に集まる。食べることとすむこと、生殖をすることは、生物の3つの大きな基本的要求であるが、餌とすみかが藻場には用意されている。ニシン、サンマ、ハタハタなどの魚やコウイカ類は、海藻(海草)に卵を産み付ける。クジメやアイナメなどの魚は藻場のなかの岩の表面に卵を産み付け、保育する。メバルの仲間は、藻場のなかで小さな仔魚を産む。マダイのような種は、稚魚になってから藻場にやってきて、藻場のなかの豊富な餌を食べて大きくなり、成魚になる前に藻場を出ていく。魚食性の大型の魚は、成魚が時折藻場を訪れて小型の魚を食べる。もちろん、ドチザメやアカエイのように、藻場のなかで普通にみられる肉食者もいる。アミメハギ、ハオコゼ、ヨウジウオ、タツノオトシゴなどのように、流れ藻に乗って移動するとき以外は、一生涯藻場のなかで過ごす魚も多い。そのように、生活史のいろんな段階で藻場を利用している魚は非常に多い。しかし、ある時期だけをみると、それほど多くの魚が見られないこともある。

　豊富な藻場の魚は、大型の動物の生活をも保証する。ケルプの林のアザラシ類やラッコなどは有名である。日本では、藻場にすみついている大型哺乳類はほとんどいないが、それは古くから藻場での漁業が盛んに行われていた日本では、大型哺乳類が人間によって追っ払われた結果なのである。ケルプの森のアザラシやラッコの役割は、日本では人間が果たしている。

藻場に多くの生物がすみついているのは、海草（海藻）類の生産性の高さによるものであるが、それだけではない。もう一つ重要なものは、すみ場所としての海草（海藻）類の構造の複雑性である。比較的単純と思われるアマモ場でも、高さ1mの葉をつけた株が1m²の海底に1,000本以上も立ち並んでいる。熱帯地方の海草では、密度は数千本にもなる。一つの株は平均で4～5枚の葉を持ち、葉の表面には珪藻や小型の付着性の藻類が微細な環境を作り、葉の上にすむ小型の動物に生活場所を提供している。株の下部では、葉と葉の間に微細で暗いそして静穏な生活場所ができている。

Ⅴ. 陸上の森と海の森や草原

　最近、海の環境や水産資源を守るために、陸の森林を大事にしなければならないという意見があちこちで聞かれるようになってきた。また、実際に漁業者が植林に取り組んでいるという例も多くなってきた。これは、漁業者が森林の破壊が海の環境の急激な変化や水産資源の減少などの原因であるということを、感覚的に感じて行ってきたものである。そして、一部の地域ではその運動が成功していると言われてきている。それでは、森林を守ることが、いったいなぜ海の環境を守ることになるのだろうか。

　実は、森林の破壊がどのようにして海の環境の急激な変化や水産資源の減少に結びついているのかということについての、学問的な検討はほとんどなされていないのである。研究や学問が人々の意識に追いついていない。ようやく研究が始まったばかりと言ってよいだろう。そこで、植林運動が本当に海の環境を守ることになるかどうか疑問に思う人たちもまだ多い。さらに、科学的根拠がはっきりしないから、行政が積極的に援助を与えることにはまだなっていない。

　しかしながら、森林の持つ保水機能は、最近では別名「緑のダム」という言葉で普遍的な価値を見いだされてきた。また、海の生産力の多くが、浅海にし

ろ深海にしろ、陸から川を通して流れてくる有機物に大きく依存していることは、海洋学での常識となっている。その他、陸域と浅海域との間にはいろんな形での相互作用が考えられる。海の藻場や干潟、陸上の森林や草原の生態系が、それだけで独立した閉鎖系を形成しているわけではなく、大なり小なり他の生態系との相互作用や物質の循環などをもって、全体としての地球生態系を形成している以上、海だけの視点で海を考えてはいけないのであり、また陸上の視点だけで、海のなかを無視した今までの開発・利用の考え方は改めなければならないのである。

VI. 干潟

　浅海域には、海水の流れによる漂砂・堆積の結果、岩礁海岸の間に砂が貯まり、いわゆる砂浜が形成される。砂浜は、主に波の影響の強い外海に面した海岸に形成されるが、内湾では波による影響が小さいうえに、内湾の奥部に流入する河川から供給される多量の土砂が堆積するために、河口部を中心に広い面積のいわゆる「干潟」が形成される。干潟は河川から土砂と一緒に供給される豊富な栄養塩の影響によって、きわめて豊かな生物相を持っている。

1. 高い生産性

　干潟には、コアマモなどの海草類、アオサ・アオノリなどの海藻類が生育して基礎生産を行っているほか、干潟に特に多いといわれている付着性の微細藻類が非常に豊富である。東京湾にただ1カ所残っている小櫃川河口の干潟では、付着性微細藻類が多く、クロロフィル量にして約6.2〜41 mg/m^{2}の藻類が発見されている（山口、1993）。この干潟の付着藻類による生産量は、炭素で480 gC/m^2/年、窒素に換算して72 gN/m^2/年であった。

　干潟といえども、植物プランクトンの生産量はこれらの藻類に負けず劣らず大きい。潮の干満に応じて植物プランクトンは干潟の上にやってきては、また

写真—11　岩手県山田湾の河口干潟
多くのアナジャコ・スナモグリ類が生息し、砂泥を攪拌・堆積することによって、干潟の表面は凸凹になっている．

沖合いに去って行く。植物プランクトンの基礎生産を消費して二次生産を行う動物が、干潟の上には非常に多い。普通、浅海底のベントス（底生生物）の現存量は、$10g \sim 100g/m^2$ といわれている。ところが、干潟の上ではベントスの現存量はその10倍以上のところが少なくない。もっとも豊富なものは、アサリなどの二枚貝やゴカイの仲間であり、場所によってはアナジャコ・スナモグリなどの大型の甲殻類が干潟の表面を凸凹にするほど多いところもある（写真—11）。エビ類やアミ類、ハゼの仲間の魚類など干潟には多くの動物たちも生息し、そこで植物プランクトン・付着藻類などを食べ、また、別の藻場などで生産され流されてきたデトリタス（有機物残査）に依存して、二次生産を行う。

2．干潟の浄化能力

　干潟には多くの生物（魚類やベントスや海草・海藻やバクテリアなど）がすんでいる。かれらは、そこで生活することによって物質を動かし、形態を転換し、環境を変化させている。干潟では、まず塩生植物や藻場の海草と同様に堆積物のなかの微細藻類による海水中および堆積物間隙水中の栄養塩の吸収が行

われる。堆積物中にも海水中の植物プランクトンと同じように微細な単細胞藻類がすんでいる。多くの海底ではそれほど多くはないけれども、干潟の砂や泥のなかには非常に多くの藻類が生息している。それは、干潟が波浪の影響を受けやすく、かつ毎日のように空気中に干出するという、海底としては特殊な環境にあるためである。

干潟の動物もまた非常に豊富であり、多様性に富んでいる。これらの生物が海水を濾して植物プランクトンやデトリタスなどの餌をとり、堆積物を呑み込んだり、有機物を選んで食べたりすることによって海水や堆積物の有機物汚染を取り除き、きれいにする。バクテリアも、干潟では脱窒による浄化が盛んに行われていることが知られている（小倉、1993）。さらに、干潟では鳥類の果たす役割がきわめて大きい。鳥類は、干潟のベントスや海草を食べて付近の林などで脱糞することによって、海の有機物を再び山に返す役割を持っている。干潟における潮干狩りなどの人間の行為も、海の有機汚染を干潟系外へ持ち出すことによって浄化する役を果たしている。

干潟ではもっとも豊富で、大きい浄化作用を持っているアサリなどの二枚貝のもつ浄化機能について述べてみよう。アサリは海底に潜って上層の海水中に水管をのばし、海水を体内に取り入れて海水中に懸濁している植物プランクトンやデトリタスを鰓で濾しとって食べる。著者の実験結果によると、殻長27〜28 mmのアサリ1個体が1時間に濾過する海水の量は約1ℓにも達する。$1\,m^2$の干潟には多いところでは1,000個体以上のアサリがすんでおり、干潟の満潮時の水深が1 mとすると、1時間の内に干潟のすべての海水が濾過されてしまうことになる。アサリ以外にも二枚貝は多いし、二枚貝以外にもアナジャコなどのように同様な餌の取り方をしているものは多いので、干潟の上のベントスによる海水の浄化作用は、このアサリによる浄化作用の数倍に上る可能性がある。

ただし、このようなベントスによる餌の摂取は干潮時には不可能になるし、また、アサリでは必ずしも四六時中、餌を積極的にとっていないことが明らかになっているので、それらの差し引きを行ってみなければ、正確な浄化量は算

出できないが、アサリの浄化量よりは多いと考えることができそうである。

およそ$10km^2$の東京湾小櫃川河口干潟におけるアサリの摂食による取り込みは、これらを検討した結果、炭素の取り込み量が1日あたり7.8～31.4tとなり、それに対応して窒素の取り込み量は1.1～4.5tと推定された。この浄化量は、1日の東京湾の負荷量である320tの窒素に比べると、そのわずか6～7％でしかない。しかし、現在の東京湾は干潟が昔の東京湾の干潟の1割以下しか残っていないことを考えると、昔のままに干潟を残していれば、東京湾の有機汚染は今でもほとんど問題にならなかっただろうと思えるのである。たしかに、東京湾周辺には多くの下水処理場ができてきて、炭素の負荷量は窒素と同じくらいの量に減少しているが、窒素やリンについては、人間の造った浄化装置ではまだほとんど効果的な処理ができない。「10haの干潟は10万人の生活排水を処理する能力を持った処理場と同じくらいの浄化能力を持つ」といわれているが、窒素やリンの処理能力を考えると、人間は現在でも干潟と同じ能力を持つ処理場を持っていない、ということができる。そのような干潟を埋め立てや干拓によって永久になくしてしまうのは、悔いを千載に残すことになるだろう。

3．干潟の消滅

この干潟も、埋め立てなどの開発行為によって、藻場と同様に大幅な減少が起こっている。日本には、敗戦の1945年には83,000haの干潟があったが、戦後30年間でその約4割が埋め立て・干拓によって消失した（佐藤・逸見、1997）。ごく最近では、諫早湾の干拓事業で、現在ある日本の干潟の6％以上にあたる3,000ha以上が失われてしまった。以下に述べるように、この干拓事業による日本の損失は計り知れないぐらい大きい。

VII. 海の浄化能力

1. 東京湾の失敗

　上に述べてきたように、海草や海藻が海水中から栄養塩を取り込み、光合成を行うことによって、海水を浄化する働きがあることがよく知られている。東京湾は湾の浅海部に広い干潟が広がり、干潟の上部には芦原が、下部から沖側に藻場がよく発達していた。江戸時代から少しずつ干拓・埋め立てが行われてきたが、1960年代以降になって急激に干潟や藻場のある浅海部が埋め立てられて、今では昔あった東京湾の干潟・藻場の9割以上がなくなってしまった。それとともに、埋め立て地やその後背地に多くの人々が住み込み、工場が建ち並び、生活排水や産業排水によって東京湾の水質は極端に悪化してしまった。東京湾の海底の半分近くが夏には無酸素状態となり、生物がすめない海となってしまった。1日に約320tもの窒素が川や処理場の排水溝から東京湾に流れ出している（小倉、1993）。埋め立てるために海底の土砂が大量に掘り採られたために、赤潮や青潮と呼ばれる現象も頻繁に発生し、東京湾は死の海といわれて久しい。近年、少しずつ排出規制が行われて、流入負荷量もやや減少してきたが、1千万人の人口を抱えている東京湾の水質を昔のようにきれいにすることは非常に困難である。

　干潟・藻場の消失で東京湾の自然浄化能力は極端に低下してしまった。干潟の底生生物、藻場の海草・海藻による浄化能力はきわめて大きい。例えば、アマモやコアマモが1haあれば、1年で1万人分の生活排水が処理できる能力があることが知られている。東京湾周辺で人間が行ったことは、自然浄化能力をもった干潟や藻場を埋め立てて、そこに汚染源や汚染処理場を作ることであった。作られた汚水処理場の能力は、ある面では干潟や藻場の浄化能力に及ばないものであった。このような反省なくして、今でも東京湾に残った三番瀬や小櫃川河口干潟を埋め立てようとしたり、ひどいものは東京湾全体を埋め立てよ

うという議論さえある。このような発想をする人たちは、結局過去の歴史から何ものも学んでいない。陸上の生活が海に支えられていることを全く考えていない。海からの恵みがなくなったときに後悔しても遅いのである。しかも、すでに海の恵みが至るところで危機的な状況に陥っている。陸上の生活をあらゆる資源（空気も水も大地も海も）との関連で考えなければやっていけない時代になっていることに、一日も早く気づくべきなのである。

2．まだ続く日本の過ち

　東京湾や瀬戸内海に限らず、日本の沿岸の至る所で水質の富栄養化（有機汚染）が広がっている。1965〜1975年の高度成長時代は産業からの排水がその大きな原因であったが、その後の公害問題の深刻化の反省から産業排水の処理や規制が効を奏して、工場排水の水質はかなり改善された。それにもかかわらず、沿岸域の水質は十分な改善がみられないまま今日に至っている。これは、家庭排水が改善されていないこともあるけれども、海そのものの自然浄化能力が大幅に落ち込んでいるのが、そのもっとも大きい原因と考えられる。海のもっとも効果的な浄化装置であった藻場や干潟が至るところで埋め立てられ、二度と回復できないような形で消失してしまったからである。

　そして、1997年にその悪しき典型といえる諫早湾の潮受け堤防による締め切りが行われた。日本の干潟の6％以上が一度に失われたのである。諫早湾の干潟には日本ではほかに見られないハイガイの非常に大きい個体群があったことが、干からびて死んだ干潟からようやくわかった（**写真—12**）。これから干拓事業による埋め立て工事が行われるが、埋め立てられてしまえばもう再び有明海は復活できないだろう。今なら、まだ堤防を開ければ干潟は復活できる。我々の21世紀に生きる子孫の生活のためにも、すぐにでも堤防を開放し、干潟をよみがえらせなければならない。今、わたしたちは子孫への重大な罪を為しつつあると言わねばならない。

3．藻場(海の植物)と干潟　73

写真—12　諫早湾干潟が干拓目的のために海水の供給を断ち切られてから、半年後のもと干潟のようす

多数のハイガイ(日本の浅海域と過去の大陸との関係を示す生きた化石と言われる種で、かつて有明海と瀬戸内海にのみ生息することが知られていたが、現在では瀬戸内海では見られなくなっている。有明海で最も多くがすんでいたのが、諫早湾であった)が苦しまぎれに地上に這い上がってきて死んだため、多数の死殻で地平線まで白く見える．(撮影：佐藤慎一)

VIII　浅い海とビオトープ

― 干潟と藻場のある海 ―

　海は川の水が流れてきて溜まっているところにすぎない、と考えている人はきっと多いに違いない。なぜなら、海のなかを見ることは最近多くなってきたとはいえ、ダイビング愛好家以外にはまだまだ普通のことではないからである。海のなかがどうなっているのか、知らない人は多い。ましてや、藻場の存在を知らない人は多い。最近は干潟を知っている人も減ってきている。また、干潟や藻場が何か人間に役立っていると思う人も少ないだろう。漁師でも、藻場はじゃまなものとしか思っていない人は多い。

浅い海には、そのような場所特有の物理的な環境があり、その場所の地質的条件を川や気象、海水の流れ、波などが修飾を加えて、岩礁や干潟、砂浜、浅い海のなかの丘や山や谷を作り、複雑な地形を形成してきた。さらに、そこに生物がすみ込み、マングローブ林、海藻や海草の藻場、サンゴ礁、カキ礁、干潟などのその場所の特色ある生態系を作り上げている。浅い海の生物の豊富さ・多様さは、この沿岸生態系の複雑さ・多様さに依存しているのである。

　それでは、干潟や藻場はなぜ必要なのだろうか。古来、日本では干潟や藻場の重要性は、水産上の有用種が干潟や藻場で産卵をしたり、稚魚が生育をする場所として指摘されてきた。諸外国、とくに西欧諸国と違うことは、日本は水産資源の活用が非常に進んでいるということ、役に立つとはお金になること、という考えが強いことである。いまでも、干潟や藻場の重要性は水産資源を保全するためという目的がもっとも大きい声で言われている。しかし、西欧諸国では、水産資源にそれほど依存性が高くないことによるのであろうが、藻場の重要性は水産上の有用種に限らず、海の沿岸域の自然には藻場あることがごくあたりまえな風景であるから、藻場を守らなければならないと考えられているのである。

　このように、人間にとって（直接）有用であるかどうかにこだわらない自然保護または環境保全の考え方は、一考すると強い要求に裏打ちされないから、ひ弱な考えになりがちであると考えられる。直接利益が上がれば干潟や藻場を守ろうとする動機も強くなるに違いない。けれども逆に考えれば、利益がないと思うと干潟や藻場がなくなってもかまわない、と考えがちな直接の利益至上主義では、結局のところ、わずかの補償金や他の利益誘導によって、いともたやすく干潟や藻場の埋め立てなどに同意して、または仕方ないと思ってしまうのである。そこに藻場がなければ海ではない、干潟がなくなれば海ではない、海の機能がなくなれば、そこはもはや海とはいえないのだと、いわば頑固に自然の海を残すことが大事である。なぜならば、その機能は人間を巡る多くのまだよくわかっていないところ（生態系＝複雑系）に及んでいる可能性があるからである。

水産資源の保全だけでなく、藻場が重要であるという理由は、その他になにがあるだろうか。浅い海の生態系、そのなかに海藻や海草の藻場が持つ最も重要な役割がある。生態系というものは、ある変動幅を持った物理・化学的な環境に生物がすみ込んで、バランスを持った物質の循環系を形成することで、その周囲の環境とも、ある平衡を維持していることを意味している。

生態系のバランスを維持するように、そこにすむ生物たちの食う－食われるの関係や、生存のための競争、共存といった種間の関係も長い歴史のなかでできあがっているのである。つまり、沿岸の生態系のバランスは、そのなかに当然存在している干潟や藻場、そしてそのなかにいるさまざまな種の役割を前提として成立している。そして、沿岸生態系のバランスは、陸上や沖合の生態系ともバランスを保っており、最終的には地球生態系としてバランスを保ってきたのである。

生物としての人類も、その生態系のバランスのなかでしか生きて行くことはできない。そのバランスを崩すことは、人間にとっても死（絶滅）を意味する。もちろん、その生態系のバランスは永久に変化しない前提ではないし、また、逆に常に変わりつつあるといってもよい。しかし、バランスを保ちながらの変化（長期にわたっての変化）が要求される。

過去40億年の地球上に数回の大規模な生態系の大変化が知られているが、その大変化はすべて大規模な生物の絶滅を伴っている。最近の100年間の変化は、過去の大変化・大絶滅に匹敵するほどの変動につながりそうな予測がされている。そして、海面の埋め立てや汚染は、海と大気、海と陸とのバランスを大きく崩すことを通して、この地球規模の大変化に大きく寄与するのである。

100〜200年に1回の洪水に対処するためと称して大規模な埋め立てをすることは、現在および未来の無数の人類に取り返しのつかない禍根を残すことになるだろう。そして、生態系のバランスの大崩壊は、人類の生存を決して許さないだろう。その過程は今、少しずつ確実に進んでいる。

IX 干潟や藻場を守ることと海を守ること、そして未来の人類を守ること

　今まで、海のなかの植物の種類やその生育のようすと、海という環境のなかで果たす役割について述べてきた。一言で「藻場」や「干潟」という言葉で表される場所（または生態系）が、海の生態系の特色と役割を表している。干潟や藻場が保全されるべきであるということのいくつかの理由のうち、非常に大きい理由は、上に述べてきたように海の自然生態系の浄化機能をもつということである。しかし、だからといってその代わりの汚水処理場が可能になれば干潟や藻場がなくてもよいというわけではない。守らなければならないのは、そのままの全体としての自然なのである。自然生態系には、何の役割も果たしていない生物というのはいないのである。20億年を超えるような永い生物自然の歴史のなかで、すべての生物は自然淘汰によって、きびしい選別に耐え、それによって強固でかつしなやかな自然のシステムを作り上げている。そこにいる生物は、一度失われてしまえば、おそらく二度と再生してこない生物たちなのである。もし、後20億年待ったとしても、全く同じ種が再生するという保証はないのである。そのような、地球が20億年以上かかって作った資産としての生物たちを、人間の一時の便利さの追求や享楽のために絶滅させてはいけない。そのような行為を続ければ、人類自身の生存が許されなくなるだろう。

　すでに失われてしまった干潟や藻場は、もう仕方ないのだろうか。仕方ないとあきらめてしまう道もある。しかし、現在の環境の破壊とそれに対する自然の反応は、いつまでもそのままにすることを許さなくなるだろう。いくつかのシナリオが考えられる。2つの極端な例を示そう。

その1．あらゆる場面での環境破壊がそのまま継続し、陸も海も川もいわゆる自然的な景観はさらに失われていくが、人々は便利で非自然的な生活を享受し続ける。その結果、地球の温暖化が進み異常気象や天変地異がさかん

におこり、有毒物質や有毒ガスが至る所に氾濫し、オゾン層はなくなって有毒紫外線が降り注ぎ、多くの生物が絶滅し、そして人間も多くが死んでいく。

その2．直ちに環境破壊につながるすべての行為を止め、自然に有害と思われる行為の多くを今までと違ったやり方に改め、それを基礎とした人間が文化と勘違いしている多くの技術の使用を止め、自然生態系のなかで許される範囲で生きていく。産業革命以前に近い生活様式となり、人口は一定以上の生存が許されなくなるだろう。

もちろん、この2つの道筋はあり得ない両極端を示している。両者の間には無数の道筋が考えられる。人類がどの道筋を通るべきなのかは、議論が分かれるところであろう。しかし、この両者の間のどちらかというと後者に近い位置に、我々が採るべき、もしくは採らざるを得ない道筋があると思われる。問題は、そのことに人類がいつ気が付くことができるかという点である。早く気が付くことができれば、それだけ壊滅的な打撃を避けることができるだろう。

そこに、海の環境を保全する必要性がある。人類の行為によって失われてしまった干潟や藻場の原状回復が求められている。これは、人間の生活にすみよい海にするというだけで行うものではない。根本的に、自然のシステムを本来のものに復帰させるという意味も必要である。環境を破壊して、開発を行うためのミチゲーション（代替え環境の構築事業）と称して人工の藻場を造ったり、人工干潟を沖合いに造ったりすることが行われるようになってきたが、もちろんなにもしないよりはよい、とはいうものの、これらの事業が小手先の見てくれだけの干潟や藻場を造って、開発を進める免罪符に使われるようであっては決してならない。必要なのは、干潟や藻場などの多様な浅海の環境をそのまま保全するために、新しい開発行為をこれ以上進めないこと、海水の汚染を一刻も早く元のきれいな海に戻すことである。その上で、過去に失われた干潟や藻場をどのような技術でもって、復元できるかどうかが検討されねばならない。科学が貢献できる部分は非常に小さいのである。

引用文献

Aioi, K., H. Mukai, I. Koike, M. Ohtsu and A. Hattori (1981): Growth and organic production of eelgrass (*Zostera marina* L.) in temperate waters of the Pacific coast of Japan. II. Growth analysis in winter. Aquat. Bot., **10**, 175-182.

小倉紀雄 編（1993）：東京湾－100年の環境変遷－．恒星社厚生閣．

佐藤慎一（1997）：「諌早湾干拓」貝類の生態 泥質干潟の生物相の貴重さが干上がってさらに明確になった，SCIaS, 1997. 10. 03: 74-75.

佐藤正典・逸見泰久（1997）：諌早湾大規模干拓事業の問題点 生態学的見地から．科学，**67**，639-641，岩波書店．

高橋正征・古谷 研・石丸 隆 監訳（1996）：生物海洋学1－4．東海大学出版会．

田中次郎・横浜康継・千原光雄（1984）：2－2 海藻 1. 現存量と生産力，文部省特定研究「海洋生物過程」成果編集委員会 編，「海洋の生物過程」．

㈶千葉県史料研究財団（1998）：千葉県の自然誌，本編4．千葉県の植物1，県史シリーズ43．千葉県．

西平守孝（1996）：足場の生態学．シリーズ「共生の生態学」8．平凡社．

Mukai, H., K. Aioi, I. Koike, H. Iizumi, M. Ohtsu and A. Hattori (1979): Growth and organic production of eelgrass (*Zostera marina* L.) in temperate waters of the Pacific coast of Japan. I. Growth analysis in spring-summer. Aquat. Bot., **7**, 47-56.

山口征矢（1993）：2. 生物とその働き 1. 藻類．小倉 編，東京湾－100年の環境変遷－．恒星社厚生閣．

横浜康継（1985）：海の中の森の生態．講談社ブルーバックス．

4. 海辺の干潟づくり

細川　恭史[*]

　わが国沿岸では、日本海側では比較的小さいものの、1日1〜2回の潮の干満が観察される。潮汐による海水面の上下につれ、浅い海底は干出と水没を繰り返す。干潟は、潮汐の干満により干出と水没とを繰り返す、比較的なだらかな勾配の地形とされている。干潟泥は、干出時には大気に触れ、水没時には海水に触れることになる。大気・海水・砂泥が出会い、多様な環境が形作られている。

1. 干潟の定義と分類

　干潟は、干潟地形の置かれた場所によって、図―1のように3つに分類される(秋山・松田、1974)ことが多い。

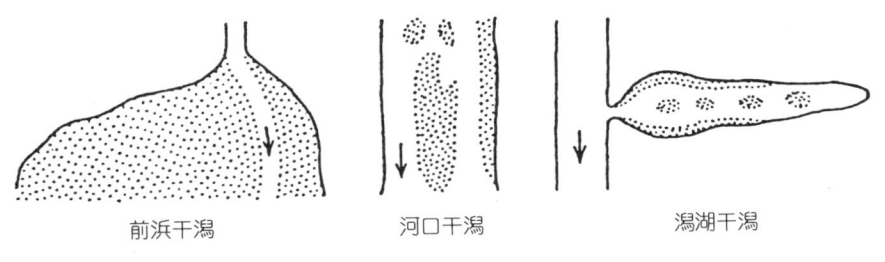

前浜干潟　　　　河口干潟　　　　潟湖干潟

図―1　位置による干潟の分類 (秋山・松田、1974)

---

[*]運輸省港湾技術研究所

① 海辺にできた潟湖周辺に発達した潟湖干潟、
② 幅の広がった河口の中州や護岸前面に発達した河口干潟、
③ 海に開いた浜に形成された前浜干潟、である。

潟湖は、狭い開口部が海に開いている場合にはこの開口部を通じて、また、河川河口と接している場合は河口を経由して海域の潮汐作用を受ける。潟湖内を吹き渡る風によって潟湖内では波が立つが、潟湖が狭い場合は波が発達せずいつも静穏な水面となる。河口干潟は、海からの波と河川流との作用を受ける。海に接した河口部は、上流部に比べ川の流れが穏やかであり、川底が浅いことが多い。台風や強い降雨の後を除き、流れも波も弱いことが多い。前浜は、海からの来襲波を引き受ける。瀬戸内海などのような内海や東京湾などの内湾、また、島影になっている海岸では、来襲波はそれほど大きくならず比較的穏やかである。こうして、多少の差があるものの、沿岸干潟は比較的穏やかな水域に発達しやすい地形であることがわかる。穏やかな水域では、河川等によって運ばれた土砂は沈積しやすく、いったん積もった土砂は移動しにくい。穏やかであるほど、微細な粒子でも安定して堆積できるようになる。干潟を形づくる底質土砂は、干潟の置かれた場所により異なるが、主に、微細なシルトからやや粗い砂で構成されている。前浜干潟を砂質前浜干潟と泥質前浜干潟とに分けることも多い。干潟は、潮汐があり、静穏な海域で、土砂の供給がある場所に成立しやすいことがわかる。

1．干潟面積の変遷

環境庁調査（1992）から日本の干潟の面積を府県別に示すと、図—2のようになる。図には、1978年の干潟面積と1992年の面積とが示してある。約5万haの干潟が現存しており、そのうちの2万haが有明海にある。九州の有明海沿岸は、大きな潮汐差があり、太平洋や東シナ海から隔てられ奥まっており、九州山系からの土砂供給がある。このため大きな前浜干潟が発達してきた。また、東京湾・三河湾・瀬戸内海周防灘でも、内湾の静穏さと大きな流入河川の土砂供給とに支えられ、昔から干潟が発達してきた。1978年以降に消滅した

干潟面積は有明海を中心に4千haあり、陥没・埋立て等によっている。正確な比較は難しいが、1845年以降1992年までの消滅干潟面積は、ほぼ3万haであると推定される。一方、干潟造成などにより、1978年以降200 ha弱の拡大もあった。

東京湾内湾（観音崎－富津岬以北）の干潟のようすを、海図（海上保安庁、1892、1960、1983）でおおづかみに比較することができる。海図から読み取った海岸線と干潟等潮間帯の位置を、図－3に示す。土砂の供給に支えられ、昔から東京湾岸には随所に浅い潟が見受けられた。明治の終わりには、神奈川から千葉まで湾の周囲にほぼ200 km^{2}の潮間帯以浅域が見てとれる。やがて、湾奥部日本橋地先の開発、ついで川崎・横浜側の埋め立てが進み、さらに千葉側の埋め立てにより、1980年代半ばには10～20 km^{2}程度となった。埋め立て地は、都市用地、工場用地、空港港湾等に使われている。一方、上流のダム整備や河道の維持（川砂利浚渫）など河川の整備も進んできた。河川からの土砂供給が減少して来ているようである。

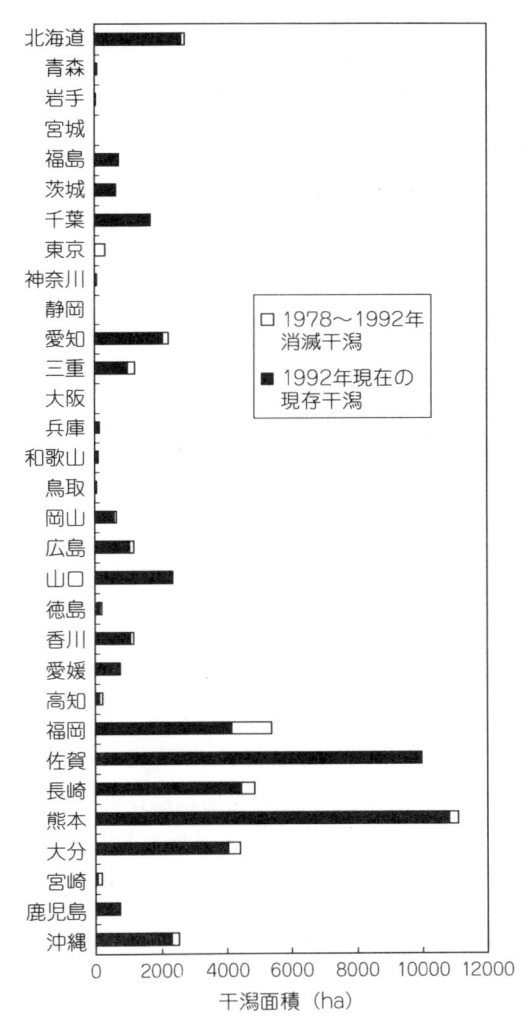

図－2 都道府県別の干潟面積

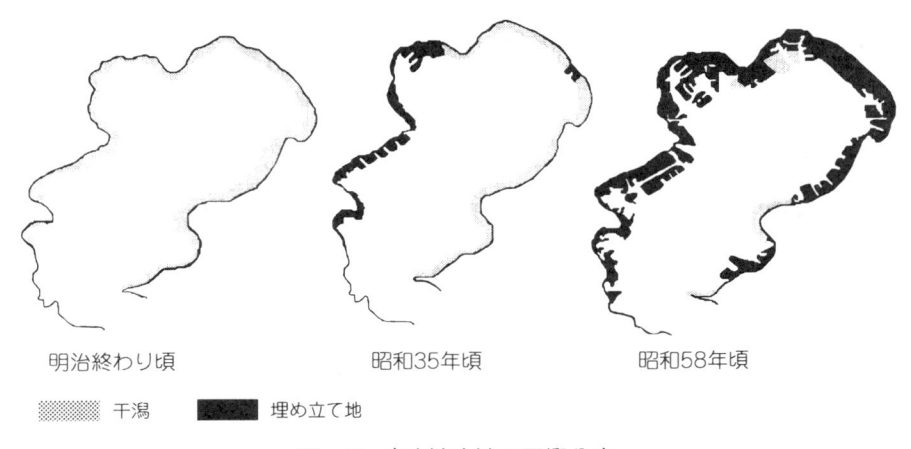

明治終わり頃　　　　昭和35年頃　　　　昭和58年頃

▓ 干潟　　■ 埋め立て地

図—3　東京湾内湾の干潟分布

2．干潟の生物相

　陸海空の出会う場所なので、干潟にはさまざまな環境場が形成されている。また、多くの干潟が都市域を背後に持っているため、有機物や栄養塩の人為的な負荷を引き受けている。豊富な栄養と多様な環境場のため、干潟には高い生産性をもつ特有な生物が生息している（E. P. オダム、1971）。海の生物は一般に乾燥や高温に弱い。干潟内でも標高が高く干出しやすい場所には、乾燥や高温に強い生物や何らかの生活の工夫により乾燥や高温を凌ぐ生物が見られる。固い殻を持ち内部の水分を逃がさない作りの生物や、温度・水分の変動が少ない泥中へと潜る生物などである。乾燥等に対する耐性の強さ等により、浅いところにすむ生物、やや深いところにすむ生物、常に水没している所にすむ生物など、干潟周辺でも高さ位置（深さ）によって見られる生物の種類が少しずつ違ってくる。標高によるすみ分けは護岸などの直立の壁でも見られ、潮間帯生物の帯状構造などと呼ばれている（西平、1973）。

　生活に必要なエネルギーのつながりから生物相を見てみる。植物のみが無機栄養塩を利用して光合成により有機物を作り出すことができる。動物はこの有機物を餌として摂取し生息のエネルギーとして用いる。吸収されなかった有機

物残渣(糞など)や食べ残し、あるいは死亡生物個体等は、干潟の微小バクテリアにより分解無機化され、生物を構成するタンパク質などはやがて無機態窒素などの無機栄養塩に還元される。栄養塩は有機物に合成された後、さまざまな利用を経て再び無機物へと戻り、循環することになる。栄養の循環のなかで、「生産者」「分解者」「消費者」は、相互に関係しあいながら、まとまったひとつの系(干潟生態系)を形成している。

　干潟の生産者は、干潟泥の表面に生息する小さな付着藻や少し沖合に生息する海藻草が主体となる。泥表面の付着藻は、珪酸による殻をもった珪藻の仲間が多い。また、沖合には砂泥底質に生息しやすいアマモ等が見られることが多い。海産植物の光合成には直射日光は強過ぎ、海水水面下にあるときに生産速度が大きくなる。

　分解者は、底泥表面に付着しているバクテリアが主体である。大気との触れ合いの強い表層を中心に、酸素の補給を受けながら有機物を分解する好気分解バクテリアが分布している。泥層内の少し深い場所には、酸素がなくとも有機物を分解する嫌気分解バクテリアが分布する。多くのバクテリアもまた乾燥には弱い。バクテリアは増殖の速度が早く、有機物粒子が混入してくるとこれを分解するバクテリアが増える。

　干潟の消費者は、底泥表面や底泥内部で生活する底生動物(ベントス)や小さな魚およびこれらの子供(稚仔)等で構成されている。ベントスは、底泥内部に生息するものもあるため、ある範囲の泥を掘り起こし、そのなかに含まれている生物を拾い上げて観察することになる。観察の便宜上、底生生物は大きさにより区別されてよばれる。1mmのふるい目のふるいを通過するものはメイオベントス、ふるいの上に残るものはマクロベントスと呼んでいる。さらに、身体が大きく、たまにしか観察されない湿重量1g以上のマクロベントスを、大型のマクロベントスとして区別することもある。ベントスを摂餌する水鳥も、消費者である。水鳥は、特徴的なその細長いくちばしで干潟泥内に潜り込んでいるベントスをほじくり返して摂餌する。メイオベントスは、細い糸のような線虫や卵からかえり変態したばかりの幼若なベントス等で構成されている。普

通常容易に採取できる大きさのマクロベントスは、二枚貝やゴカイの仲間（多毛類）等で構成されている。マクロベントスには、餌の取り方から、①海水をエラでろ過しエラに残った粒状有機物を摂取するろ過食性ベントス、②堆積した

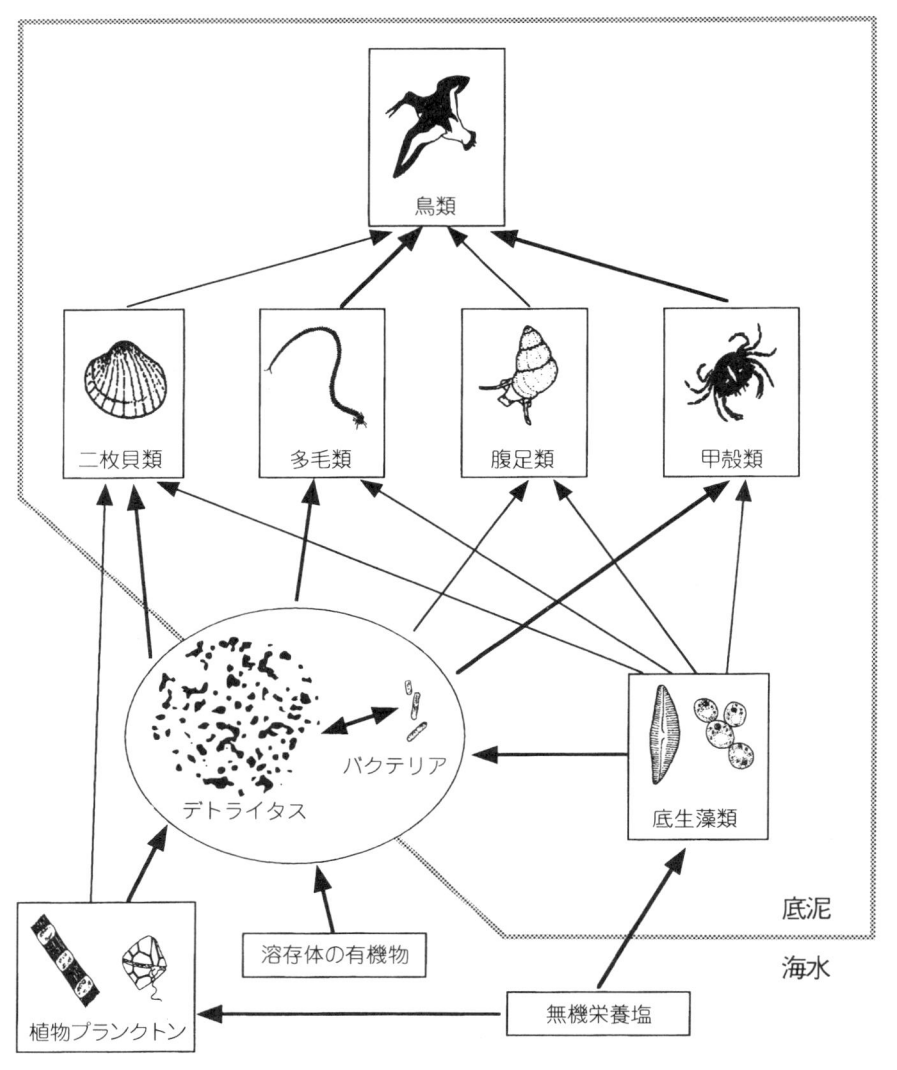

図—4　干潟における食物連鎖の状況　（桑江・細川、1996）

有機物や付着藻もしくはそれに取りついているバクテリアを摂取する堆積物食性ベントス等に区分される。

こうしたさまざまな生物が相互に影響を及ぼしながら、一つのシステムを形成している。干潟における食物連鎖の状況を概念的に示すと、例えば図—4のように描ける(桑江・細川、1996)。この図では、有機物の分解無機化の過程は大幅に省略されている。

3．干潟の役割

自然環境の環境資源としての機能は、普通、
　① 生産活動に役立つ素材の提供、
　② サービスやアメニティの提供、
　③ 不要廃物の自然同化、
に分類されている(植田ほか、1991)。自然環境資源の一つとして、干潟も人の生活にいろいろな便益を提供している。日本の都市は、干潟と似て内湾河口部に発達してきた。そこで、都市の環境負荷を引き受ける役割や海からの環境変動を緩衝する役割も干潟が担ってきた。

まず、生産財の提供の機能としては、漁業有用種の再生産の場(沖合魚の産卵・育成)や有用種(アサリ・ノリ等)の収穫の場であった。ついで、生産に供せられないサービス提供の機能としては、潮干刈り場としての利用やバードウォッチング場等がある。また、廃物の浄化の機能としては、流入負荷有機物の分解無機化の場や流入栄養塩の貯留吸収の場として認められている。さらに、遠浅の干潟は、沖合いからの来襲波を砕けさせ岸に作用する力を減殺する。市街地では得にくい広い空が望めるなど独特の沿岸風景を提供している。都市から発生する建設残土や港湾の浚渫土は、人工的な干潟の材料として再利用されたりする(今村、1993)。

「干潟」の保全や造成とは、「干出—水没を繰り返す地形」とともに、さらに「そこでの健全な生物活動が保証され、環境資源としての期待された一定の機能」の保全や創出を最終的なねらいとして行われるものであろう。

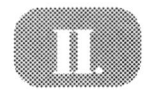

Ⅱ. 干潟の修復や造成のねらい

1. 干潟の浄化機能の維持や向上

さて、干潟の健全な生物活動とはどう評価判断されるのであろうか。干潟の生物の食物連鎖のようすは図—4に示されている。有機物の生産者、消費者の底生動物等、分解者バクテリア、のバランスの良い生息が望まれる。千葉県盤洲干潟の観察結果を、バクテリア・付着藻・メイオベントス・マクロベントスのグループに分類し、それぞれのグループの代表長さ（大きさ）に対して生息密度をプロットすると、図—5のようになる（細川、1997）。同じ面積のなかで

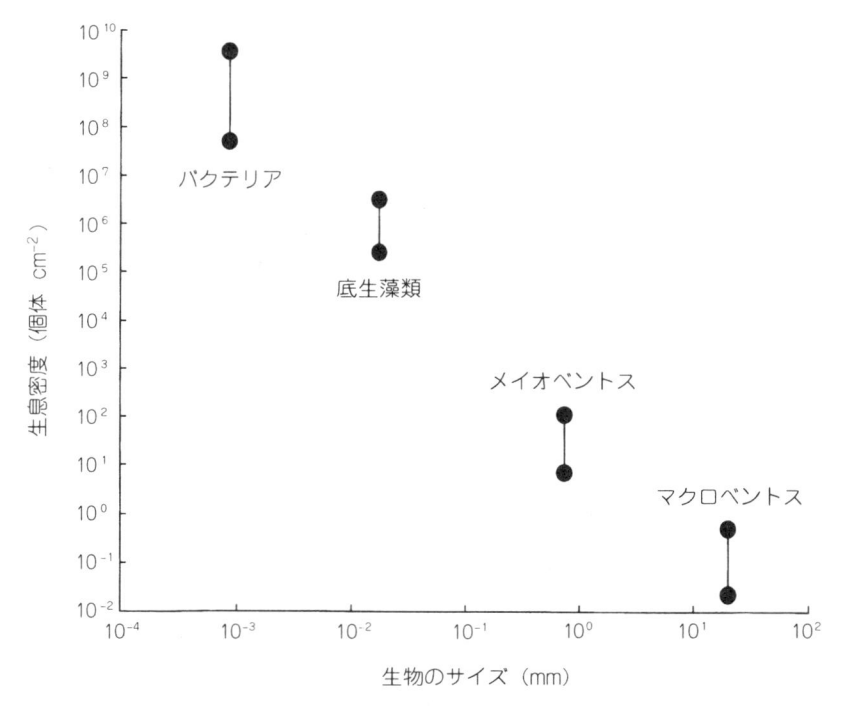

図—5 干潟生物グループごとの生息個体数密度（東京湾盤洲干潟の例）（細川、1997）

の生息個体数を比べると、干潟においても小さな生き物ほど個体数が大きく、大きな生物になるにつれ個体数が小さくなっている。一般に、大きな生物はゆっくりと成長し、一生の寿命が小さな生物に比べて長い。こうした生息密度構成が、干潟における食物連鎖や分解等の物質の循環を支えていると思われる。

　人の負荷や地形的な影響から、こうした構成が歪められることがある。水の淀んだ運河部干潟では、干潟泥の腐敗や悪臭の発生を見ることがある。こうした場所では、食物連鎖の高次に位置する大きな動物が減ったり、ごく限られた種しか観察できないことになる。こうした干潟では図—4の連鎖が崩れ、有機物はベントスに利用されず、有機物の生産と分解という活動のみが目立つようになる。大きな生物の身体として栄養塩が保持されることが少なく、栄養塩の有機合成と無機分解が短い時間で繰り返されることになる。生息生物相が歪んだ干潟とは、生物の多様性が減少し、物質の循環時間が短いことを特徴にしている干潟とも考えられる。物質の循環に関連する干潟の機能、例えば浄化機能や多様な生物の生息場提供機能の維持や向上には、干潟独特の生態系の維持や大きな動物まで届く食物連鎖の保証が重要な要素になることが理解できる。

　もう少し詳しく図—5を見てみる。生物の一個体の大きさを代表長さの3乗だと仮定してみよう。また、生物の単位体積あたりの重さ（比重）は、小さな生物も大きな生物も同じだと仮定してみよう。そうすると、生産者の付着藻の重さと消費者のマクロベントスの重さとが大略比較できる。代表長さの違いが$10^{3.5}$ほどあるので、一個体の重さは10^{10}ほどの違いがある。一方、生息密度では、付着藻はマクロベントスの10^7程度多い。この結果、マクロベントスのグループは付着藻のグループと同じか、それよりも大きい重さがあることになる。類似の傾向は、三河湾一色干潟でも観察されている（青山・今尾・鈴木、1996）。表—1は、生物体中の窒素の量で表した生物の生息量であるが、付着藻とアサリを中心にしたマクロベントスとは、よく似た量生息していることがわかる。食物連鎖の機構からは、餌と同じ程度の重さの捕食者は存在できないのが普通である。マクロベントスが、干潟付着藻による生産物以外の食物を摂取している可能性がある。

表—1　一色干潟の生物グループ毎の生物生息量
(青山・今尾・鈴木、1996)

生 物 項 目	1994. 6. 23 (苦潮前)	1994. 10. 4 (苦潮後)
バクテリア	0.021	0.139
付着藻類	0.386	1.767
メイオベントス	0.013	0.004
マクロベントス	6.465	2.871
（その内　アサリ）	2.997	0.000
合　計	9.885	4.781

　盤洲干潟でもアサリを中心にろ過食性の二枚貝が多く生息している。冠水時、アサリは水管を泥表面に延ばし、水中の懸濁している有機物粒子をエラでこし分け摂取する。懸濁有機物は別の場所(海水中や藻場等)でも生成されたり、陸から下水放流水等として流入したりする。アサリの生息個体密度や大きさの分布を調べ、この干潟の潮間帯単位面積あたりの海水のろ過量を試算すると、大きな個体がよく見られる潮間帯下部を中心に春から夏にかけ、1～3m^3/m^2という大きな値を得た(細川、1996)。干潟では、流入してくる有機物負荷を餌としてあてにしている消費者も住んでいるといえる。流入負荷を摂取してくれる点で、干潟の浄化機能にとって重要な生物である。摂取し残した有機物は、糞や偽糞として干潟泥表面に排泄され、バクテリアの分解に供されたり微小動物の餌として利用されたりして、干潟の物質循環過程に加入してくることとなる。こうした浄化作用の維持促進にとっても、ろ過食性の二枚貝の生息条件が満たされている必要がある。

2．干潟の大型生物の保全や維持

　アサリなどの二枚貝に限らず、干潟をすみかにし干潟に依存している大型生物は多い。図—4には、ベントスより上位に水鳥が描かれている。水鳥は、干潟で餌をついばんだり、周辺で産卵繁殖したり、あるいは水面などで休息をする。水鳥の飛来する干潟を整備するときには、餌の供給の観点からは、餌とな

る生物の生息と再生産とが重要な要素になる。産卵場や繁殖地の観点からは、適した地形や植生が付近に存在することが重要であり、休息場としては、まとまった広さや野犬などの外敵からの隔離なども重要な要素になろう。干潟を再生産の場として利用する大型水生動物には、水鳥のほか、例えば希少種のカブトガニ（水産庁、1994）等が挙げられる。生息場として干潟を整備するためには、個々の動物が干潟をどう利用しているのか、十分な観察と理解とが必要である。

　以上、干潟の修復や造成のねらいによって、干潟のどのような特性を重要に考えるべきなのか整理してみた。干潟の多様な機能を維持しつつ、特にねらいが絞られるときには、それに応じた配慮が必要になる。ただし、単目的の干潟は生物相の多様性とは違う基準をもつことがある。アサリの増殖場として造成される干潟は、浄化機能や景観やアメニティとは異なる基準（(社)全国沿岸漁業振興開発協会、1985）でつくられることになる。

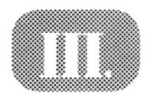

III. 事例紹介でみる干潟の成立

1. 事例の概括

　ここでは、日本沿岸における干潟建設の事例をいくつか比較し、干潟建設技術の現状と技術課題とを検討してみる。表—2に取り上げた干潟の特徴を示した。いずれも人為的な手助けによって成立してきた港湾内の干潟である。このうち、仙台港蒲生干潟は七北田川河口の潟湖干潟、広島港五日市地区の造成干潟は前浜干潟に分類される。細かい粒径の底質ほど平坦な干潟を形成するが、両者では広島港五日市干潟の底質はやや粗い。いずれも、個別のねらいはそれぞれあるものの、干潟整備にあたっては水鳥を含む健全な干潟生態系の形成が目標とされている。表には代表的な生産者と消費者をあげてある。

表—1 人為的に形成された2つの干潟の比較

地　名	地形分類	底　質	勾　配	淡水源	生物相（1次生産者／ベントス／鳥）
仙台蒲生干潟	潟湖干潟	微細泥	平　坦	七北田川	付着珪藻・ヨシ／ゴカイ／シギ・チドリ
広島五日市干潟	前浜干潟	シルト・砂	1.6〜3％	八幡川	付着珪藻・漂着アオサ／二枚貝／カモ

2．仙台港蒲生干潟

1）成立のようす

　仙台平野を西から東へと流れてきた七北田川は、1960年代以前は仙台湾に近づくと海岸線の手前で北へ蛇行し、海岸線砂丘を右手に見ながらさらに北の河口部へと流れていた。現在の潟湖の位置は、当時の河道であり流下河川水の通り道であった。大きな降雨があると、川は蛇行せずに砂丘を突き破り直接海に注ぐこともあった。旧河口部近くに仙台新港を建設するにあたり、1960年代後半に導流堤を建設し、河口を現在の位置に固定した。七北田川は北に蛇行することなく、いつもまっすぐに太平洋に注ぐようになった。この結果、従来の蛇行河道が行き止まりの水面（潟湖）として残された。水面の入り口部には砂が堆積し始め、河川との水の交流が減り淀みがちであった。宮城県は地元学識経験者の意見などを聞き、潟湖入口に通水用の管路を敷設した。このことにより、潮汐による河口水面の上下変動が潟湖内に伝わり、河口汽水の出入りが保証されるようになった。静穏な潟湖内部では、流入した微細な粒子も沈降し堆積するようになった。こうして、潟湖内に干出・水没を繰り返す泥質の干潟が発達してきた（栗原、1980）。

2）地形と生息生物の特徴

　図—6に示すように、砂浜部・潟湖部・干潟（ラグーン）部により構成され、さらに内陸側に養魚場が控えている。図—7に示すように周囲から潟湖水面に向かっての勾配は、泥質部では1/100以下と非常に緩やかである（細川、1996）。外海とは幅100〜300ｍの砂州で隔てられている。潟湖部は入口管路より奥行

4. 海辺の干潟づくり　91

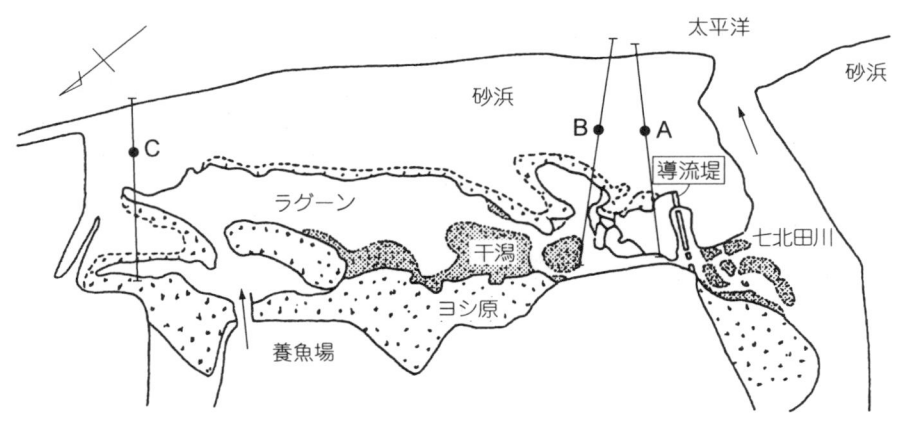

図—6　仙台蒲生干潟平面図（A〜Cは図—7の測量ライン）

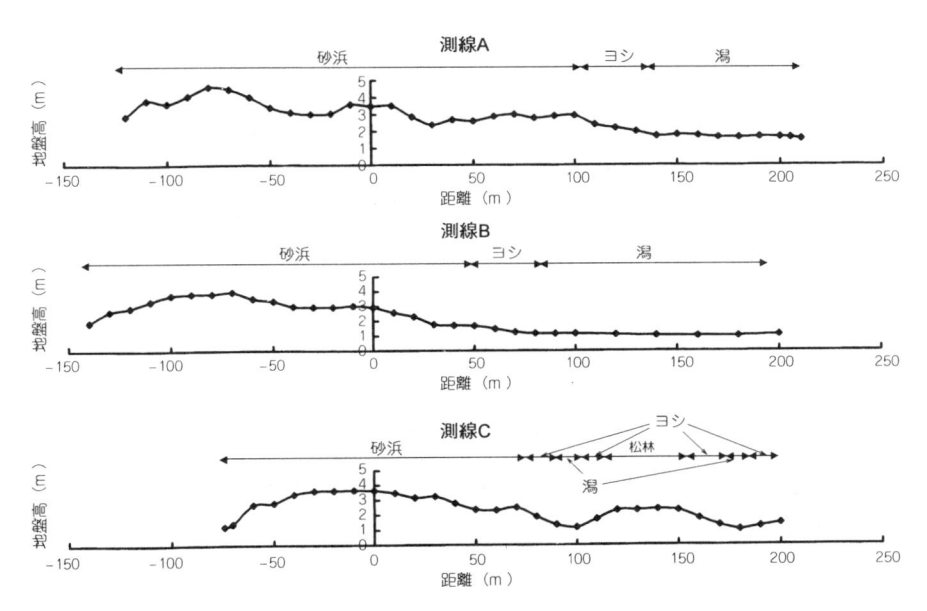

図—7　仙台蒲生干潟断面図（A〜C測線は図—6参照．地盤高は標高で表示．細川、1996）

き850 m・幅200 m・面積約15 haで広がり、奥部で水深が深く外海の平均潮位面より70 cm程低くなっている。入り口部では河口との水の交流が大きいが、潟湖内奥では淀みがちである。底質粒径は入り口部で粗く奥部で細かい。底質

の中央粒径は、入口部から奥に向かって0.3～0.005mmとなっている。潟湖へは河口で外海水と混合した汽水が流入してくる。栄養塩は七北田川河口および養魚場から供給され、潟湖内のプランクトンによる有機物生産などにより奥部に向かって低酸素濃度となっている(栗原、1992)。

　国設仙台湾海浜鳥獣保護区のうち48haが蒲生特別保護地区として指定されている。砂浜部のクロマツや潟周辺部にヨシ等の植生分布があり、シギ・チドリの渡りの中継地やコアジサシの繁殖地としても有名である。シギ・チドリの餌となるゴカイは、入口より奥部へ400m程の範囲でよく生息し、ゴカイ生息域とシギ・チドリの飛来域とは重なっている(栗原、1992)。ゴカイには生育に適した塩分濃度があり、また、穴を掘るベントスであるため、砂質の場所には生息しない。入り口部に近い砂質地には二枚貝の生息が見られる。

3）管理手法

　河口からの通水路が干潟の形成を促したことからも、通水方法によって干潟の状況を制御できることが推察できる。この干潟では水鳥の飛来が注目され、そのためには餌となるゴカイの生息が大切であった。ゴカイの生息には、適切な塩分・泥質・酸素等の生息条件の維持が必要であり、ゴカイの餌となる有機粒子の供給が必要である。生息条件に関しては、例えば次のような管理の経験を重ねてきている(栗原、1992)。1975年以降、潟湖奥部の滞留域での底質の有機化還元化細粒化が進み、汚染に強い多毛類が他種を圧倒し拡大してきた。潟湖への河口部からの通水量の減少が起因していると見られた。1989年に通水管路を水門に替え通水量の増強をした結果、生物相の改善が図られた。有機粒子の供給については、潟湖内での有機物生産の維持が重要である。有機物生産を支える栄養塩の安定した供給機構として、粘土成分の化学的な吸脱着の作用が指摘されている(栗原、1992)。つまり、水鳥の飛来を支えるためには、この干潟で以下の条件や機構が必要であったといえる。

　① 潮汐の干満により干出水没を繰り返す地形
　② 淡・海水の混合による餌となる底生生物の生息に適した塩分濃度

③ 干潟での生物生産を支える栄養塩・有機粒の供給と堆積
④ 干潟における生物生息を保証する十分な酸素の供給
⑤ 栄養塩や有機物を吸着し保持でき、生物利用のためにゆっくりとした供給ができる粘土鉱物の存在と供給

3．広島港五日市干潟

1) 成立のようす

瀬戸内海に面した広島湾は、閉鎖的地形のため波の小さい静穏な湾である。埋立地隣接の八幡川河口には従来より河口干潟が発達し、また河口から岸沿いに類似の前浜干潟が発達し、ガン・カモを中心とした水鳥の生息場となっていた。沿岸から1kmほど沖合いにかけて、都市開発用地などのために埋立が計画された。埋立による消失前浜干潟とほぼ同面積(24 ha)の干潟を、埋立地護岸(延長約1km)の外側に造成することが試みられた（広島県、1996；小倉・今村、1995）。位置を図—8に示す。

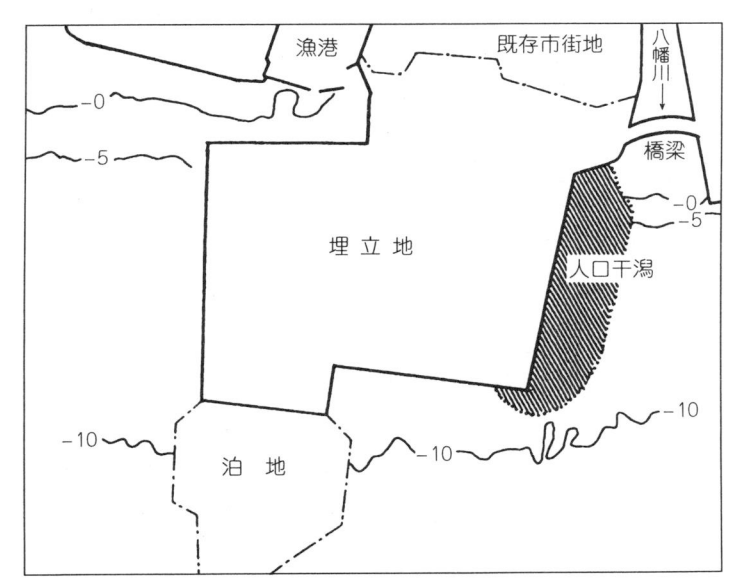

図—8 広島港五日市地区埋め立て地と造成干潟位置図 （水深コンター：m）

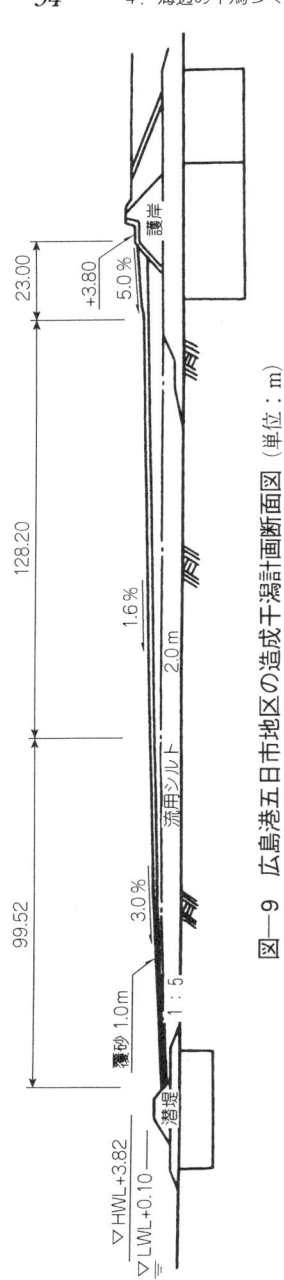

造成位置は河川流出水の通り道にあたる。流出水による洗掘や波による侵食作用に対抗できる底泥粒径の大きさが求められた。一方では、水鳥が歩ける堅さと餌となるゴカイ類の生息が可能な柔らかさとが求められた。外力安定性、造成用土砂の入手しやすさ等の検討の結果、埋立地造成工事にともなう周辺在来地盤からの発生粘性土（粘土分を50～70％含有）を干潟深部に活用し、シルト分10％以下で中央粒径0.4mmの砂で表面を覆うこととなった。浜幅は約250mとし、浜の先端部に水中の堤防を設け、土砂の流出の予防と浅い水深の維持とを図った。潮間帯の勾配は1.6/100である。断面図を図―9に示す（広島県、1996）。

1987年より工事が着手された。浅海域での施工法等の不明点があったため、小規模な実験工事をまず行った。柔らかい粘性土地盤の安定等から、干潟造成粘性土の投入は1回に50cm厚程度とし数回に分けて積み重ねていった。作業船の喫水制限と底生生物への影響配慮等から、表面覆砂層は1回30～40cm厚で3回に分けて徐々に投入され、1990年12月に干潟が完成した。

2）地形と生物のようす

外力に対する地形の安定制御のために、やや粗い砂で表面を覆っている。造成後、波浪等の自然外力により浜勾配は徐々に平衡地形へと変化していった。完成翌年の夏には、礫分が減り砂分が増え、周辺干潟の粒度組成と極めて似てきた。ただ

図―9　広島港五日市地区の造成干潟計画断面図（単位：m）

し、干潟深部の粘性土はゆっくりと締め固まってゆくため、地盤は徐々に沈下する。

　生物の人為的な移植は行っていない。追跡調査（羽原ほか、1996）によると、造成直後から平均低潮面以下の深さでシギ類の餌料となるモロテゴカイ・イトゴカイが多く確認された。鳥類の飛来状況は、造成直後では種類数で工事以前に劣るものの、個体数では既に類似のものであった。1年後の冬期にはヒドリガモの飛来が確認され、種類数・個体数ともに在来干潟の代替機能を十分に果たしていることが確認された。工事期間中は周辺の干潟や緑地に避難し、造成後に既存干潟と連続する部分から人工干潟中央部へと徐々に利用場所が広がっているようである。また、徐々にアサリ等の底生生物の生息量が増加した。人工干潟に隣接する埋立地内に緑地の整備が計画されている。陸域と一体となった鳥類生息場の整備が進むであろう。

IV. 干潟造成の留意点

1. 干潟生態系の安定性

　造成後の生物相の加入状況や遷移を観察した事例は少ない。前章での事例は、いずれも水鳥の生息場の確保回復を大きなねらいとしており、水鳥の飛来が確認された限りにおいて、ねらいはある程度達成されたものと評価できる。

　干潟生態系の自立性・安定性・循環性に関する解析・検討は、自然の干潟に対しても知見が少ない。造成干潟の生物相の変化の観察と変化に対応した管理手法の検討とのなかから、干潟生物相の維持に関する機構を解析した例がある。栗原（1992）は図—10のようなサイバネティック・モデルとしての干潟システムを示した。生物生息に影響するある環境要因（例えば塩分濃度）が安定点からずれたとき、ズレがますます拡大すればその生物の生息自体を危うくする。ズレをもとに戻す負のフィードバックを内包したシステムでは、安定点側に戻

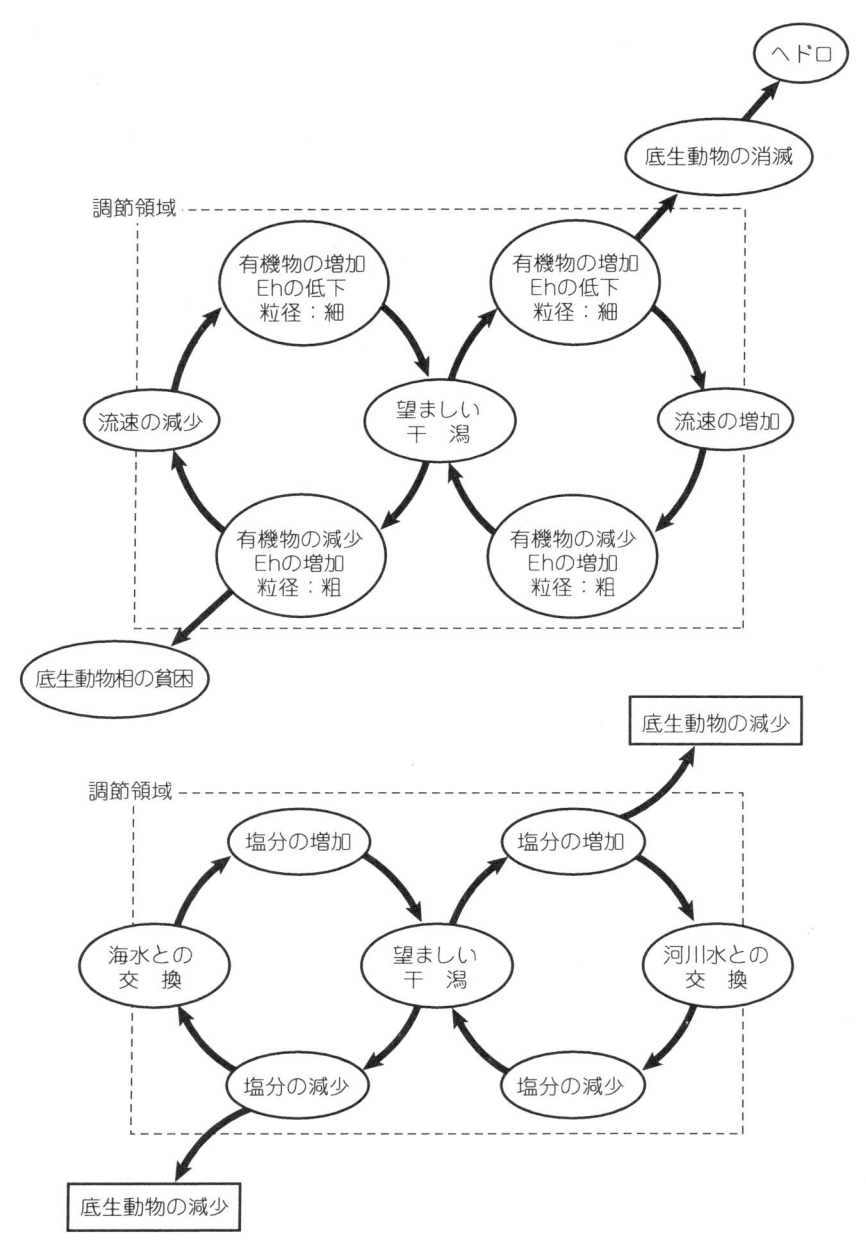

図―10　干潟生物の最適環境からのずれと回復のサイバネティック・モデル（栗原、1992）

そうとする作用が働く。こうして、環境要因の変動が生物生息の許容範囲に納まれば、系の安定性が保証されることになる。

　自然界では毎日天気が変わり、気候の季節変化や年変動がある。自然界のゆれや変動に応じ、環境要因も変動するものである。自然の変動に対し環境要因を安定化させ、変動を緩やかにする働きがその干潟や周辺場に備わっていると、干潟生態系も安定するということになる。蒲生干潟で考えてみる。今、強い降雨などで河川水が増水し外海水の河口侵入が減り、河口塩分濃度が下がるとする。そのとき、潟湖への流入水塩分もまた下がることとなる。しかし、河川水の増水はやがて河口通水部を広げ、河川流量が元に戻るにつれ外海水の侵入も促進され、今度は河口水塩分が徐々に増えることとなる。すると、潟湖への流入塩分も回復する。こうした塩分調整は、河口地形の変化動力学により行われることになる。

　干潟生態系の安定性は、関連環境要因に対する場の安定性によっても支えられる。人為的に作られた生態系場に対しては、負のフィードバックシステム構築や人為メンテナンスにより、環境変動の安定化・許容範囲への収束努力も重要である。

2．造成の場所選び

　環境変動の安定化や生態系内の物質の循環性の確保は、海岸の置かれた外的な条件によって非常に難しかったり容易だったりすることがある。干潟の造成にあたっては、なるべく容易な場所を選びたいものである。上記事例のうち、蒲生干潟の例は潟湖干潟保全型、広島五日市干潟の例は前浜または河口干潟復元型に分類されよう。いずれの場所でも、古くには干潟的な地形が自然に成立しており、波浪等外力や地形の条件は干潟の成立に無理がなかったと思われる。昔から干潟地形が形成されていた場所かどうかは、地域の古老や漁師などに話を聞くことに加え、古地図や古い海図等が参考になることがある。

3．生物相と干潟底質

　外力を受ける干潟の建設では、地形の安定性と素材の粒度選定とが設計上の検討課題であった。

　干潟に生息する底生生物は、干潟の土壌条件や水の交換などにより生息種に特徴が表れる。微細泥質の干潟では多毛類が卓越し「ゴカイ型干潟」となる。微細泥の堆積は静穏な場であることを要求する。一方、砂質の干潟ではアサリなどの二枚貝が卓越しやすく「二枚貝型干潟」となる。ある程度の擾乱により粒径の荒さが維持できていることが多い。波の荒さなどの条件が底質粒度を左右し、底質の荒さが生息種を決めていることがわかる（栗原、1992）。水鳥の飛来をねらった干潟づくりでは、対象とする鳥類の食性によって、ゴカイ型干潟か二枚貝型かの選定が必要となることもあろう。

4．造成干潟の分類

　干潟の造成事例の特徴を3つのタイプにまとめれば次のようになる（細川、1997）。

(1) 埋立等で出現した水面や河口の閉鎖的水面を外海の潮汐運動とつなげ、干潟化する例。波の作用は小さく微細泥が堆積しやすく、陸域の影響が大きく淡水との混合で汽水域となりやすい。したがって、ゴカイ型の干潟として水鳥の飛来を促しやすい。閉鎖性が強いため、水質悪化、特に酸素不足による腐敗化に気をつけて管理がなされる必要がある。閉鎖性に対する人為的運転管理により、劣化した状況が改善されることが多い。

(2) 従来干潟が存在した場所の近隣に、従来存在した状況と似た干潟を造成する例。外力条件が似ているならば、その場の土砂を用い既存地形に似せて造成しやすい。ただし、造成場所での粒子・有機物の循環や波・流れのようすが十分に把握できていないと、淀みを生じたり生物相の貧困な劣化した干潟となる恐れもある。

(3) 周辺にはもともと類似干潟がないが、地形の改変や異なる粒径・素材の導

入により新たなタイプの干潟的地形を作りだした例。従来の生物相とは異なった生物相が作り出される。ただし、その場所で従来地形が成立してきた機構（干潟を成立させてこなかった地形特性や外力条件）の理解と、水際線部での波の作用の制御など、異なる粒径底質の維持機構（干潟を成立させ維持する仕掛け）の創出とが必要であろう。

V. 今後の課題

　以上の事例検討から、沿岸干潟ビオトープづくりにおいても、干潟生態系のシステム理解とシステムの維持条件の理解とが必要となることが理解できる。ビオトープづくりは、自然のなかでの本来ありうる姿が人の圧力で少し歪んでしまった状況を、人の手助けで少しでも自然に近けるよう支援をするといったアプローチである。ただ、人のできることの限界も知っておく必要があろう。特に、沿岸では地域ごとに水温の季節変動や潮汐・波浪の特性がかなり異なり、それにつれ地形や生物相の特性が異なる。古来より存在してきた地形や生物相の回復は、まったく新しい生物相の創出よりも苦労が少なくやりやすいと思われるが、まずは歪みの原因の解析と除去努力が重要であろう。

　個別の地形の造成にあたっては、場所に見合った環境要因の整備が必要になる。ゴカイ－水鳥型の食物連鎖をもつ干潟では、干潟システムの環境要素として、①干出水没地形、②適切な塩分、③栄養塩・有機粒子の供給堆積、④酸素、⑤粘土鉱物が示された。このうち、②～⑤の因子は、物質の供給と流失消費との観点から考えると、造成干潟場の外海や外部境界に対する開放性の設計として扱える。干潟への波や流れの導き方や制御は、潟湖干潟では重要性が認識されているが、他の干潟でも同様に重要になる。干潟を潜堤や防波堤で囲む際には検討しておかなければならない項目である。また、多様種の生息の観点からは、①～⑤の因子についてさまざまな組み合わせが干潟内に発見できることが望ましい。タイドプールなどを含めた微細地形による環境の多様性の確保や、

表—3　干潟造成の技術的検討過程 (細川、1995)

計 画 段 階	設 計 段 階	施 工 段 階
無理のない計画	生態的な要求を 　　土木の言葉に翻訳	不明点への対処
場所の設定 　沿岸の開発とセット 　昔の地形や 　　地形の歴史を調べる 目的の設定 　目指す生物種の選定 　　鳥／魚／貝	｛餌 　住処 　再生産 ｛地形 　素材 　有機物・栄養塩<br　酸素 　塩分 　地元の地形の真似	小規模実験 ゆっくりした実施 モニターとフィードバック 地元の材料 最後は自然の自己デザイン

岸沖方向への環境勾配の形成等が手法として考えられる。

　生息場所の整備後も自然の作用のなかで条件が変動することを考え、生息条件の監視と処置手段の準備とが維持管理上必要になることも有り得る。地形や生態系は、自然のなかでその場に見合ったものに形作られてゆく。自然の自己デザイン能力を許容する計画法もあると思われる。生態系の修復技術はまだ発展段階の技術である。一方で未知事項の検討をしながら、ようすを見ながらの施工をする事態も考えられる。従来の公共事業の実施方法とはいくぶん趣を異にするが、小規模な実験工事やモニタリングをしながらのゆっくりとした工事等も検討に値する(北村、1992)。施工季節や施工速度の生物要請からの制約、また人や動物の立ち入り制限等も考慮されることになろう。以上の過程をまとめると表—3のようになろう(細川、1995)。現在の造成技術には未熟な点や不十分な点もあろうが、自然に働きかける経験を積むなかから、科学的技術的な成熟がもたらされると思われる。今は、ともに環境修復を目指すための各分野にまたがった総合的な議論(栗原、1988)が大切ではなかろうか。

参考文献

青山裕晃・今尾和正・鈴木輝明（1996）：干潟域の水質浄化機能，月刊海洋，Vol.28，No.2, p.180.

秋山章男・松田道生（1974）：干潟の生物観察ハンドブック．東洋館出版社．

E. P. オダム（三島次郎 訳）（1971）：生態学の基礎．培風館．

今村　均（1993）：ミチゲーション技術としての人工干潟の造成．土木学会海岸工学論文集第40巻，pp.1111-1115.

植田和宏ほか（1991）：環境経済学．有斐閣．

沿岸漁場整備開発事業構造物設計指針編集委員会（1985）：沿岸漁場整備開発事業構造物設計指針．㈳全国沿岸漁業振興開発協会．

海上保安庁水路部：海図No.90　1/100,000．旧版東京海湾（1892）；東京海湾（1960）；東京湾（1983）．

環境庁（1992）：第四回自然環境保全基礎調査海域生物環境調査．速報．

北村圭一（1992）：3.3 市民のための人工なぎさ．杉山　恵一・進士五十八（編）自然環境復元の技術，朝倉書店，pp.118-128.

栗原　康（1980）：干潟は生きている（岩波新書 129）．岩波書店，p.219.

栗原　康 編（1988）：沿岸域の生態学とエコ・テクノロジー．東海大学出版会．

栗原　康（1992）：汽水域のエコロジー．干潟の修復をめぐって，土木学会誌別冊増刊「エコシビルエンジニアリング読本」，第77巻9号，pp.35-39.

桑江朝比呂・細川恭史（1996）：干潟実験施設での物質収支実験．HEDORO, No.67, pp.33-38.

小倉隆一・今村　均（1995）：人工干潟の創造技術について．HEDORO, No.64, pp.61-78

水産庁（1994）：日本の希少な野生生物に関する基礎資料（1），pp.683-694.

西平守孝（1973）：潮間帯の生態．山本護太郎（編）海洋生態学，東京大学出版会，pp.9-23

羽原浩史ほか（1996）：ミチゲーションを目的に造成した人工干潟の機能評価．土木学会海岸工学論文集，第43巻，pp.1161-1165.

広島県（1996）：広島港五日市地区人工干潟工事誌，p.80.

細川恭史（1995）：内湾の環境保全・海浜環境の創造．環境科学会誌，Vol.8, No.4, pp.469-475.

細川恭史ほか（1996）：盤州干潟（小櫃川河口付近）におけるアサリによる濾水能力分布調査，港湾技研資料，No.844, p.21.

細川恭史（1996）：干潟の創造や修復の技術と課題．平成8年度日本水産工学会秋期シンポジウム「沿岸開発と生態系保全」講演論文集，pp.F-1〜F-12.

細川恭史（1997）：干潟の創造・修復の技術と課題．水産工学，Vol.34, No.1, pp.93-103.

5. 生物に配慮した護岸

伊藤　富夫*

　海辺は生物の宝庫であり、そこで営まれている生命活動は海辺の生態系を維持するだけでなく、地球全体の自然環境、地球環境を守り、かつ回復させる重要な働きをもっている。また、海辺には砂や岩、石、泥などの多孔的な空間が多く存在し、さまざまな生物のすみかとなっている。しかし、この海辺が埋め立てや護岸工事、港湾の整備などで姿を変えようとしている。これらの海辺をコンクリートや鉄板等で覆ってしまえば、甲殻類、小魚類などの潮間帯に生息する生きものにとっては、生息の場がなくなり、生きていけなくなってしまう。それは、海辺の生態系の崩壊を意味するだけでなく、地球全体の環境危機を招くことになってしまうだろう。生物のことを配慮しない無機質な自然の改変は、必ずや人間自身に跳ね返ってくることは、各地で起きている自然災害（人災と言っても過言でない）を見ても明らかである。このことからも、一地域での生態系の変化及び破壊が、その周辺だけにとどまらず、地球的規模に波及することを数多くの実証から学ぶことが重要となってくる。そして、四方を海に囲まれたわが国においても、この自然豊かな海辺を守り、将来にわたり多くの恵みを受け続けていくために、一人一人が問題意識をもつことが必要であろう。

　わが国は広大な海岸線を有しており、常に波浪や崖崩れなどにより浸食と堆積が繰り返されて海岸が形成されている。浸食と浸食された土砂の堆積は自然に起きるのだが、それは海岸を壊し、ときに大きな被害をもたらすことにもなる。そこで、浸食から海岸を守る方法を講じなければならず、それにはコンク

*静岡大学教育学部生物学教室

リートで岸を覆うのがもっとも簡単で強固な方法として、各地で大なり小なりの護岸工事が行われている。ただ、そのほとんどは単純な構造で、そこに生息する生きもののことは視野に入っていないように思われる。もちろん、人命が優先であることが当然だとしても、どのような場所でもコンクリート一辺倒でなくともよいはずである。自然な素材を使うなど、生物にとっても十分生息できるよう工夫することを考えてもよいと思われるし、実際そのような場所も数多く見てきた。

例えば、テトラポットを海岸に沿って一列に並べるのでなく、砂浜や岩礁を保護するように空間をあけて、ジグザグに置くようにすれば、十分とは言えないがすみ場は確保できる（**写真—1**）。また、経済的な面からもコンクリートで覆うより、岩や石などの自然にある材料で浸食を防ぐほうが安上がりになる場合もあるだろう。

ただ、現実的な問題で災害との関係を考えると、すべてそのまま使うわけに

写真—1　生物の生存を認めた護岸の例（静岡小浜海岸）
　　　　ただし、まだ十分とはいえない（本文参照）．

はいかないだろうが、一考の価値はあると思う。実際、米国東部大西洋岸のメリーランド州では、行政と地域住民が一体となり、海辺での生物が生息できるような護岸の造成を試みた。その結果、多様な生きものが生息したことにより、その周辺の生態系が回復して豊かな海へと生まれ変わり、漁業の振興が計られることとなった。

本稿では、このような取り組みを始めた経緯と併せ、その考え方と手法について述べることとする。そこから、わが国の海辺保護・保全のあり方の参考になればと思う。

少なくとも、海辺ビオトープづくりの工法に、生物を考えた護岸はそのまま取り入れることができるだろう。

1. 海岸の浸食

海岸の浸食は前述のように、船舶等による造波の影響も少しはあるが、主に風による波によっておきる。波が打ち寄せて岸の基部がえぐり取られることによって岸の上部が崩れ、崩れた土砂は沖合に堆積することになる（図—1）。ただ、遠浅な広い海岸では、大きな波でも勢いが吸収されて波による影響は少ない。

そして、その浸食は水位と密接に関わっている。水位は潮の干満、風、日照、洪水そして地球規模の水位変動によって変動する。また、季節によって水位の高さや動き、風の強さや方向によって浸食や堆積のパターンが変化し、砂のさまざまな移動により海岸線の景観も変わってくる（図—2）。砂は波によって運ばれ、岸に沿っても移動する。波はある角度で岸にあたり岸に沿って流れをつくり、砂は岸に沿ってジグザグ模様をつくっていく（図—3）。安定した浜は、岸から供給される砂や岸に沿って流れてくる砂と、浸食によって失われる砂のバランスがとれている訳である。この砂の動きによって、浜が維持されるか崩壊するかが決まる。さらに、潮の流速と方向によっても大きく変化する。細か

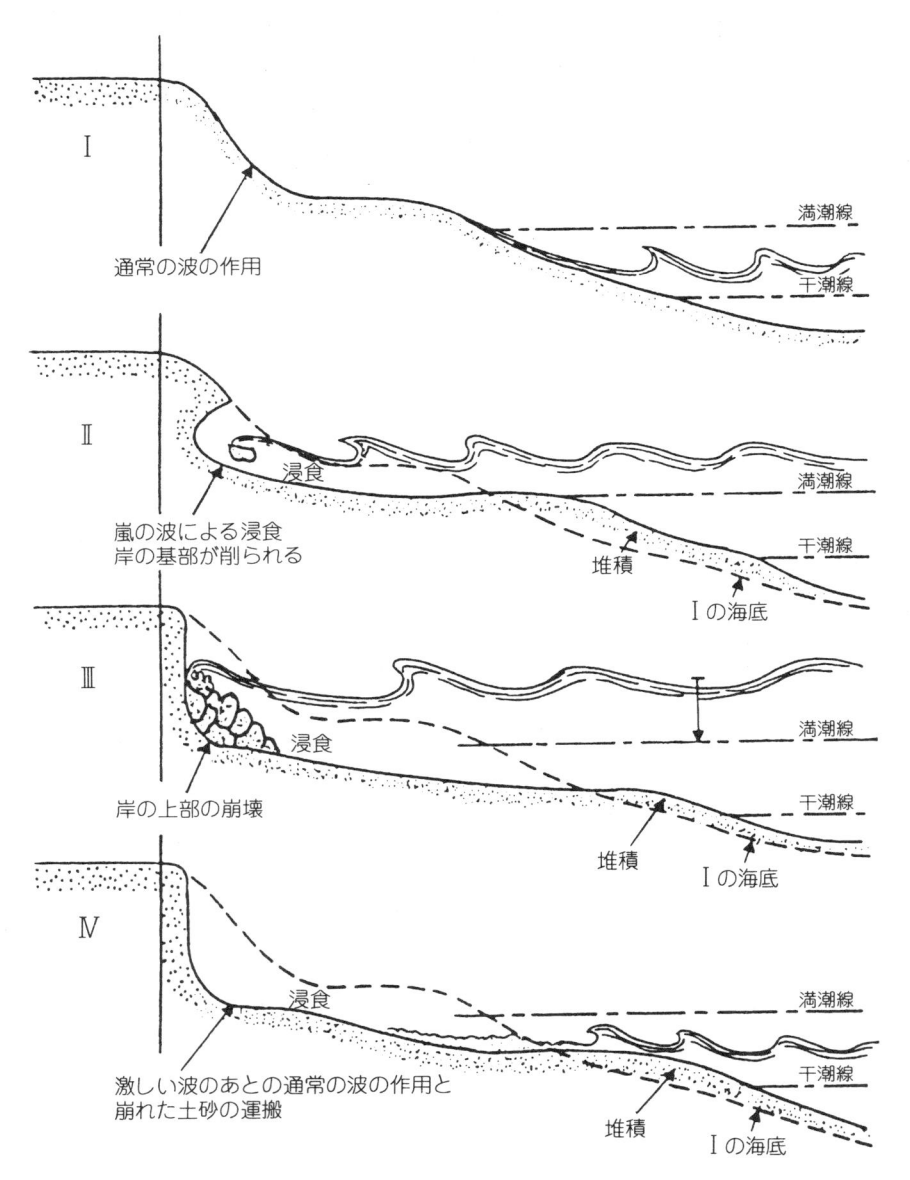

図—1　海岸における波による浸食と土砂の運搬

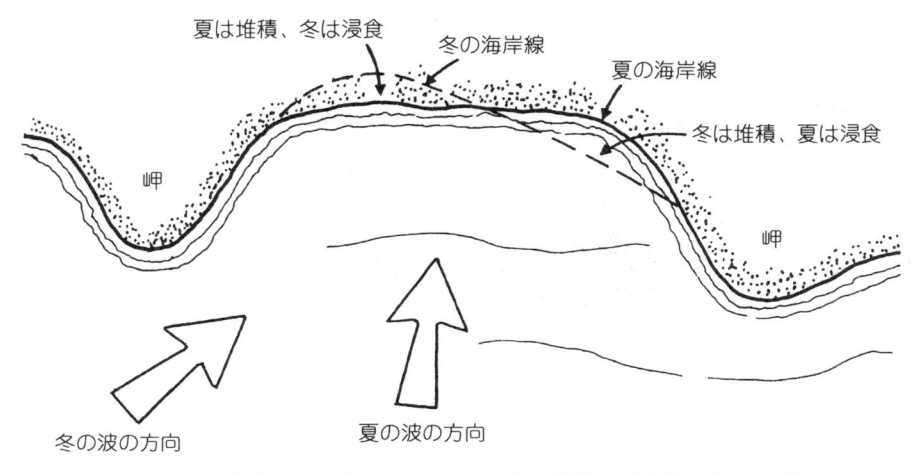

図—2 波の方向の変化にともなう浸食や堆積の季節的変化の一例
浸食などの結果として、海岸の形が変化する．

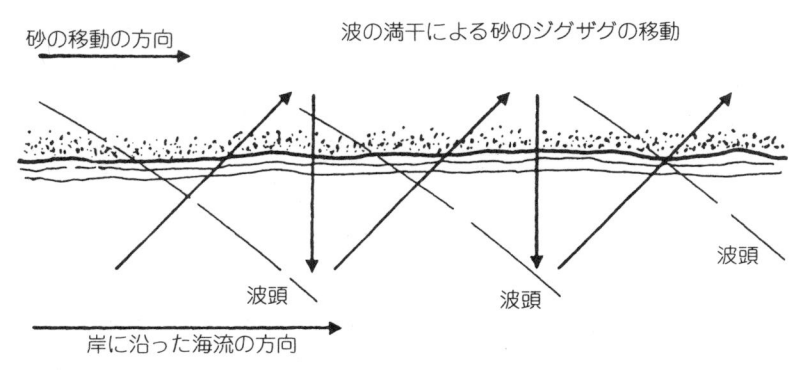

図—3 海岸線のジグザグ模様をつくる砂の移動

いシルト（泥）や土は小さな波によっても運ばれるが、多量の重い砂は大きな波か、岸に沿った速い海流で動く。シルトや土は、一般的に沖の深いところまで運ばれ、大きい粒子の砂は岸に沿って堆積する。陸上の海水は地面に浸透して地下水となって流れ、波による浸食と同様に高い岸の崩壊を引き起こす（図—4）。

また、雨などによる地表水の流れによっても、海岸の崖や浜の崩壊を引き起

5. 生物に配慮した護岸

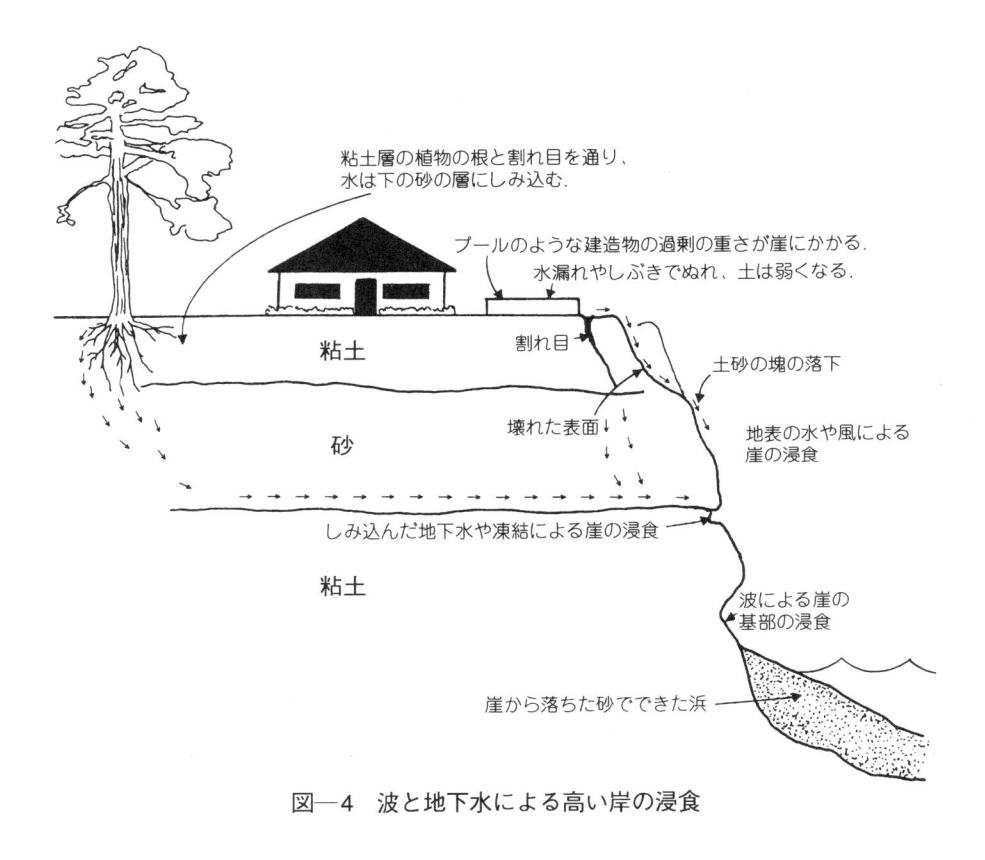

図中ラベル:
- 粘土層の植物の根と割れ目を通り、水は下の砂の層にしみ込む．
- プールのような建造物の過剰の重さが崖にかかる．水漏れやしぶきでぬれ、土は弱くなる．
- 粘土
- 割れ目
- 土砂の塊の落下
- 壊れた表面
- 地表の水や風による崖の浸食
- 砂
- しみ込んだ地下水や凍結による崖の浸食
- 波による崖の基部の浸食
- 粘土
- 崖から落ちた砂でできた浜

図―4　波と地下水による高い岸の浸食

こす。それは、降雨量や流入の速さと方向、また、岸の高さや角度、そして、浜辺の植生密度、面積によって、海岸の浸食や砂泥の堆積の量が変わってくる。

　これら自然現象による海岸の浸食の他に、河川形態の人為的変化による影響もある。近年、治水・利水の目的で多くの河川でダムや堰がつくられ、河岸はコンクリートで護岸されるなど、土砂の海への流出が減少してきたことも大きな原因となっている。ただ、ここでは浸食の一要因としてだけにとどめ、海岸の護岸についての解説に限定する。

　このように、海岸の浸食は自然の大きな作用によって引き起こされていて、

それを防ぐために巨費を投じて強固な護岸を施すことや、自然を大きく改変することには限界があるであろう。そこで、海岸の構造自体に何か手がかりを見出せないかを考えてみよう。

一般に、広くゆるやかな傾斜の浜は波の勢いを弱めることは前述した。それに砂浜と陸地の間に大波で冠水するような一帯があり、しかも植生があり生きもののいる湿地帯（マーシュ）があれば浸食されにくい。特に、湿地帯の植物は波の勢いをやわらげ、流れによって運ばれる土砂を維持し、浸食と崩壊を防ぐことができる。こうした場所は生きものにとっても都合がよく、浸食を防ぐもっとも良い護岸の姿ということになる。

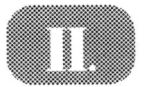

11. 護岸工事の計画

護岸工事の必要性は次のようなことで判断できる。
- この2年間で岸が減少している
- 生きもののいる湿地帯（マーシュ）が消滅している
- 浸食によって海岸に段差ができ、浜辺が低くなっている
- 岸の植生が海水につかっている
- 浜が満潮時に水没している
- 近くで護岸工事が計画されている

これらの項目の一つでも当てはまれば工事を考えるべきだ。

また、護岸工事は技術的な面も重要だが、要は地域住民の協力が成功の鍵を握っている（図—5）。そこで、護岸工事をするにあたって、次のことに注意が必要となる。
- 魚や他の生物に悪影響はないか
- 船舶接岸のための傾斜やさん橋を作ることができ、かつ運航に差し支えないか
- 水質の悪化を招かないか

集団で行った護岸

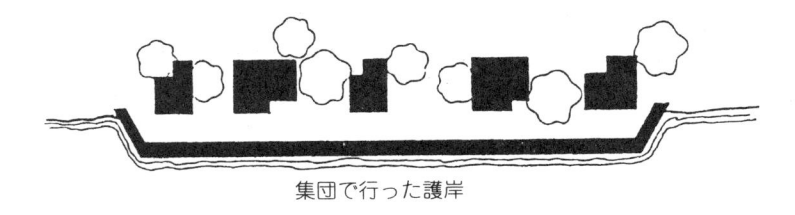

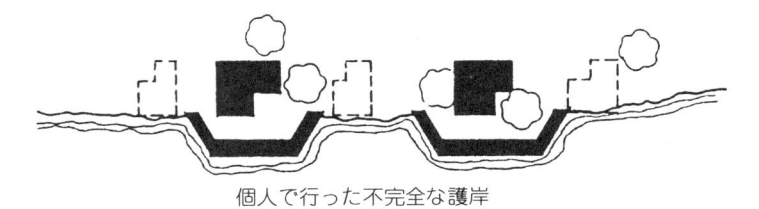

個人で行った不完全な護岸

図—5　単独の護岸と集団の護岸

- 費用に対する経済的効果
- 資源の保護への配慮
- 景観の保全
- 水の供給への配慮
- 洪水の防御はできるか
- 生態系は守られるか
- 埋め立て用の土砂は確保できるか
- 浚渫は可能か
- どのような護岸構造にするか
- 海・浜辺でのレクレーションもできるよう利用法は考えているか
- 嵐のときの排水設備はできるか
- 防砂壁、防波堤、水切り、そしてその他の構造とその効果は考慮しているか
- 生物のいる湿地帯(マーシュ)を作れるか

III. 環境への影響

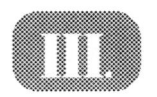

　護岸にとっていちばん重要なのは、満潮と干潮の間の潮間帯である。潮間帯には、海岸の近くの浅い海やさらにその手前の湿地帯も含まれる。魚や他の多くの生物のすみ場や食物、隠れ家は潮間帯、特に海水の湿地帯にある。そのうえ、湿地帯は砂や泥によって汚れた水をろ過してくれ、汚染によって流れこんだ過剰の栄養分を生物が吸収して浄化してくれる。また、植物などが土砂にしっかり根を張り、生物の生活する場所を確保して生態系を健全に回復させるなどして水質を改善する。

　人工物を設置しない護岸方法、例えば、浜を広くしたり生物のいる湿地帯をつくることは、人工構造物で護岸するより、はるかに生物の環境にとってプラスになると思う。特に、生物のいる湿地帯をつくることは浸食を減らすだけでなく、汚染物質の海への流入を減らし、その結果水産資源が豊かになり漁獲量が増える。コンクリート構造物による護岸は、その前面に浸食が起きて潮間帯の浅い海岸が危険になり、水質も悪化する。これには、護岸壁の前面に石を置くことによって波を防ぐことで軽減できる。ただ、ある種の護岸壁は海の生物が付着しないよう薬品で化学的に処理されており水質の悪化が心配されている。

　石で覆う形の護岸は波を防ぐだけでなく、隙間がたくさんあるため小さな魚のすみ場や隠れ家になるので、コンクリート壁よりも環境に優しい構造といえる。防砂壁は岸に沿った砂や泥の流れを止めて、海岸のある部分に砂や泥を溜める。それが、砂浜や干潟を維持することになり、多くの場合、防砂壁によって生物の生息できる環境は広がると考えられている。なお、防砂壁のない周辺の部分は逆に浸食を受けるが、そのことは潮間帯の環境を多様にすることにもなっている。ただし、簡単でコストの掛からない護岸設備の場合、逆に壊れやすくて再工事の必要が生じて却って割高になったり、被害が生じてしまう可能性もある。そこで計画する際に、護岸設備を維持費用の面からも考える必要がある。

IV 護岸設備の型式

護岸の型については次のように分けられる。

① 何もしない
② 自然海岸の補修
③ 構造物を作らずに浜を安定化する。浜辺の充実、坂の階段化、そして生物のいる湿地（マーシュ）の形成
④ 透過型の護岸設備
⑤ 壁型の護岸設備
⑥ 岸から離れた防波堤（離岸堤）
⑦ 防砂壁

上記の①から③の構造物無しの護岸は、植物や魚、その他の生物を守るためにはもっともよい護岸方法といえる。④から⑦は構造物をつくる護岸だが、目的に応じて直接海岸を補強するもの（④と⑤）と、海岸を安定化させるために特別な構造物を付加するもの（⑥と⑦）に大別される。直接に海岸を捕強するものとして、透過型のもの（④）と壁型のもの（⑤）がある。透過型のものは石でつくられ水などを通す護岸構造だが、波の勢いを軽減し土砂の流出を防ぎ、自然の素材なので生物は十分生息できる。壁型のものは、さらに石を詰めた鉄製のカゴと、木や鉄もしくはコンクリートによる障壁に分けられるが、水を通さない障壁は完全に岸と海を隔離し、生物のすむ隙間もなく、生物の生存には甚だ不適切な構造といえる。特別な構造をつくるものには防波堤（⑥）と防砂壁（⑦）があり、砂浜や泥の干潟の維持および回復に役立つ。次に、それぞれの護岸設備をみてみよう。

1. 何もしないか再構築する（上記①と②）

【特　徴】何もしないですむのなら、その方がよい。何かすると、却って浸食を速める場合がしばしばあるからで、生物にとっても、そのままの環境が維

持される方がよいはずである。しかし、災害など人間の生活を考えると次の方法を講じる必要も出てくる。それは失われた砂を入れたり、失われた木々を植えたりする海岸の再構築である。

　【場所の特徴】これらの方法を用いる海岸は普通、傾斜が緩やかで、ほとんど浸食されずに済む。そして、安定した地盤が海との間にあり、人家などを守っている。

　【利　点】これらの方法の良いところは費用がかからないことである。それは、生物にとって好都合なことと言える。

2．浜辺の充実（上記③の一部）

　【特　徴】この方法では、浸食されそうな浜に積極的に砂を入れことになる。この方法は、自然により近い状態にできるという利点の他に、防砂壁や防波堤など他の方法と併用できるところにある。

　【場所の特微】この方法は浜の傾斜が緩やかで、浸食の心配がないところで使える。

　【構成する物】加える砂は元の浜の砂と同質のものにすべきで、細かい砂より荒い砂の方が浸食されにくい。ただ、沖に堆積した砂を掘るか、陸地から運ぶ方がよいだろう。

　【設計の配慮】砂を入れるための費用が、災害によって人々の財産の損失をはるかに上回るなら、この方法を取るべきではない。もっと別の強固な護岸設備を考えるべきである。そこで、砂が岸に沿って動く方向や量を事前に調べておく必要がある。削られた砂は元の岸に沿って堆積するか、岬の先端に溜まる。そして、徐々に沖の方へ運ばれていき、出来上がった岸は新たに入れた砂を犠牲にすることによって守られる。その際に、入れた砂が削られたら、その砂がどうなるかを調べることも、後日修復するときに大切となってくる。

　【維持に必要なこと】適切な大きさの砂を入れることは、砂浜を効率的に維持することになる。また、特別な場所に浸食の度合いに応じて砂を入れることも大切である。加える砂の原価は安いものだが、操り返し、かつ永遠に加える

となると莫大なものになってしまうので、事前にしっかりした調査、計画のシミュレーションが必要である。

【利　点】自然を破壊することなく、効率的に護岸する方法である。修復された後は海水浴や釣りなど、レクリエーションの場として利用される。

【欠　点】砂浜の無いところや浸食の激しいところでは、この方法は使えない。また、大きな嵐に対応できない場合もある。さらに、砂を入れることで海が浅くなり、当然砂を入れているときは海が汚れるので、魚や海藻などに一時的に害を与えることにもなる。

3．坂の階段化とテラス化（上記③の一部）

【特　徴】海岸の傾斜が急だと、当然崩れやすく不安定となる。そこで、急な傾斜を階段化し、平らな部分、すなわちテラスを設けることにより、波が急な斜面に直接ぶつかって起こる浸食を軽減できる（図—6）。

【場所の特徴】浸食の起きている急な斜面に用いる。

【構成する物】加える物はほとんどない。斜面の上の土や植物、そして排水

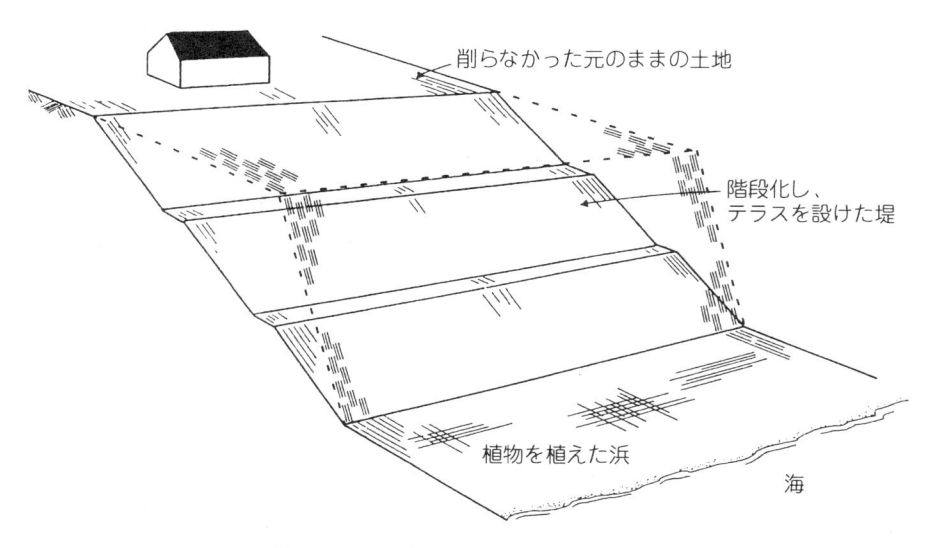

図—6　階段化してテラスを設けた堤

溝などの表面に施すわずかな物だけで十分だろう。

【設計の配慮】波の力が強いときは、浸食を防ぐのにこの方法では十分だとはいえない。推薦できる設計はテラスと傾斜の割合が5：1が理想的だが、3：1でも大丈夫であろう。他の護岸の方法と併用することも奨める。また、作られた堤は植物を植えることで安定する。なお、表面を流れる雨水を調節することは、傾斜の安定化を図り崩壊を防ぐために必要である。遠い場所から土砂を運んで埋め立てをすると、費用は大幅に嵩んでしまうので注意を要する。

【維持に必要なこと】この設備では完全に浸食を防げないので、浸食の度合いにもよるが、繰り返し造るかどうか検討しておく。ただ、維持するために土砂などを加えることは最低限必要となるであろう。

【利　点】この方法の利点は、陸地ができるので多くの人が利用しやすくなり、また波打ち際まで行くことができる。さらに、他の護岸構造を付け加えることも容易である。

【欠　点】坂とテラスだけでは激しい波に対応できない。また、護岸壁などがすでにあるところでは使えない。

4．生物のいる湿地(マーシュ；MARSH)の形成 （上記③の一部）

【特　徴】潮間帯の湿地は浸食を防ぐだけでなく水質を浄化し、食物連鎖の重要な位置を占めている。こうした湿地における潮の動きは、湿地の植物に栄養物を運び、その植物を水鳥や他の生物が食べる。さらに、この湿地から魚や他の水生生物の栄養が海へ運ばれる。潮間帯の湿地は多くの生物のすみかとなり、豊かな水産資源を確保することになる。商業的にもレクリエーションとしても活用されるようになる。それゆえ、浸食された海岸に湿地帯を取り戻すことは護岸にもなり、自然環境回復の重要な要素にもなる。

【場所の特徴】基本的な方法は図—7に示した。この方法による植物の増加は、地盤を安定させるための役割を果たすので、岸からの土砂の流出が減り、浸食から守られる。土砂がしっかり溜まるようになると、生物のいる湿地帯はさらに広がる。このことは、浸食されている岸と満潮時の水位の位置を離すこ

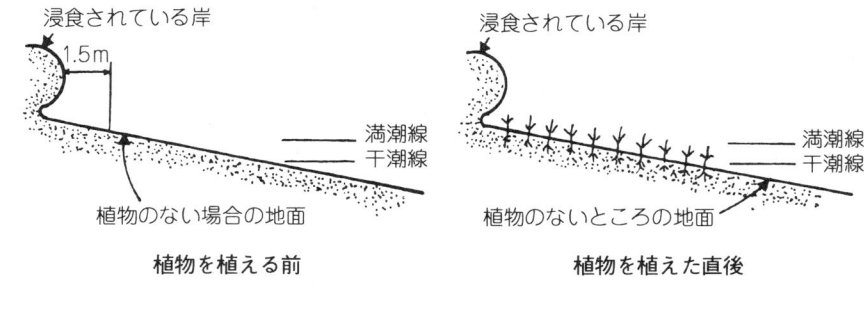

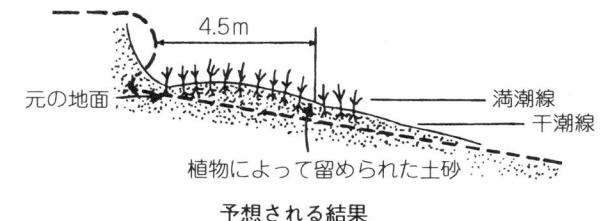

図—7 潮間帯の安定のために植物が果たす役割

（図：植物を植える前／植物を植えた直後／予想される結果）

とになり、その間に植物が増え、その植物の群落が波をやわらげ、浸食を防ぐことになる。潮間帯に植物が根づくようにする環境要因として、海岸の広さ、浜の土砂の深さと種類、海岸の地理的条件、海岸線の向きなどがあげられる。そこで、この方法を取り入れる前に、その浜が上記の条件に適しているかどうか調べておくことが大事である。

【構成する物】浜から流出した土砂と同質のものを入れることが必要である。その場所に適した湿地と浜辺の草があるはずである。潮や風に強いハマヒルガオなどの海浜植物と、海のなかに生息するアオサやミルなどの海藻、そして潮間帯の植物とに分けられるだろう。

【設計の配慮】湿地帯の形成は非常にデリケートで、人の出入りなどの微妙な環境の変化にも影響を受けることがある。また、海鳥からも守る必要もある。土質、水質、塩分濃度や風の状態で、植物の種類を選ぶことが大事であり、しかも他から移植するのではなく、極力その地域の植物で形成されるようにすることはいうまでもない。それが浸食防御の成功の鍵である。形成する湿地帯の

大きさは、平坦な部分の広さ、方向、水深など、その場所の状態にもよるが、最低3m²程度、普通で6〜8m²は必要であろう。水深は土砂の量で調整し、木陰になるような所は避けなければならない。生物のいる湿地帯の形成には、春から秋にかけて、6時間/日以上の日照が必要である。木陰になる場合は、間伐するか移植するなど、太陽の光を十分浴びる時間を確保するよう心掛ける。

【維持に必要なこと】生物のいる湿地帯形成の初期の段階では、枯れた植物は他の植物の生育を阻害するので、直ちに取り除かなければならない。落葉や木屑、ゴミの除去、周りの草や木の刈り込みも維持のため必要である。また、鳥などに新芽や根を食べられないよう、囲いをしたりネットで覆うなどの工夫も必要になってくるだろう。とにかく、被害が生じても繰り返し植えることが成功の秘訣である。

【利　点】この方法は海辺のビオトープそのものであろう。比較的安価で工法も簡単であり、こうして作られた湿地帯は、多くの場合、緩衝の場となり、陸からの多量の土砂が海に直接流れこむのを防ぐ。また、土砂の浸食をくい止めるだけでなく、景観的にも優れた魅力的な自然の海岸が形成されることになる。やがてその海岸一帯が豊かな海となり、生物資源が増えることのより地元の漁業振興につながってくるであろう。

【欠　点】この方法は浸食の力が弱い場合にしか使えないことである。

5．**透過型構造**(石による護岸、上記の④)：STONE REVETMENT

【特　徴】透過型の護岸構造は、波の力を吸収することが特徴である。その構造の傾斜や凹凸の多い表面構造が波の力を弱め、土砂を維持することになる。さらに、いろいろな大きさの石やコンクリート製品を使うことによって、水を透過させる構造になっている。作り方としては、まず、適切な傾斜をもたせて綱を敷く。この綱目は粗く組まれた天然素材のものを使用したい。綱の上には15〜20cm程度の石を敷き、この石の層が網を押えると共に、構造の底の部分となる。その上に徐々に大きな石を敷いて安定させる（図—8）。外側の石は波によって動かないよう、大きな石で覆うことになる。この構造は透過性によっ

5．生物に配慮した護岸

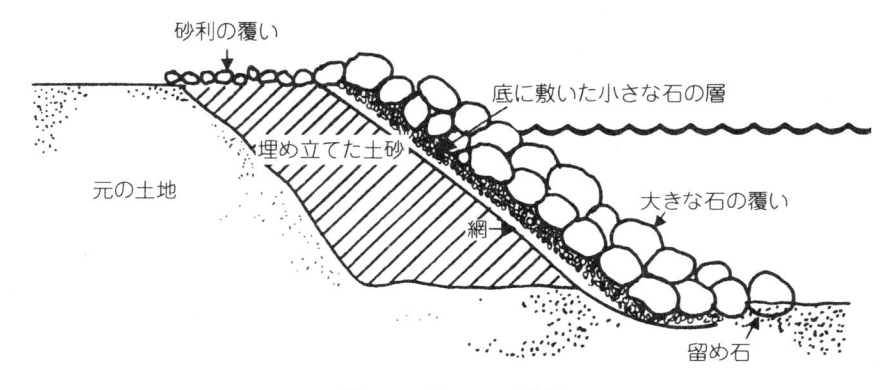

図中ラベル：砂利の覆い／底に敷いた小さな石の層／埋め立てた土砂／元の土地／網／大きな石の覆い／留め石

図—8　石による護岸

て、波や地下に浸透した水による土砂の流出も防ことができる。また、大きな波がかかるところには、砂利の覆いが必要になる場合がある。この砂利は、通常、25〜30cmぐらいの石で、護岸構造の頂上から3mほどの幅で敷くとよいだろう。

【場所の特徴】まず、土地をなだらかで均一な傾斜にする必要がある。そのために土砂を継ぎ足すようなことがあると思うが、その際に加える土砂は小さな形状のもので堅く密に敷き詰めるようにする。この構造を安定させるためには、傾斜角度を2：1、すなわち30度より小さい角度にするとよいだろう。

【構成する物】表面を覆う石は、激しい波に耐えられるものでなくてはならない。こうした護岸にはいろいろな材料が考えられるが、角張った石がもっともよいだろう。

【設計の配慮】設計において重要なのは、護岸設備の適切な高さと幅である。また、土質の分析も必要だろう。また、予想される高波を防ぐだけの高さが必要で、特に両端は浸食されやすいので、しっかり補強することが大事である。護岸設備の下の土砂が、こうした構造を維持できるようなしっかりしたものであるか調べることも大事で、護岸設備の前に砂浜があるのなら、レクリエーションの場としても使える。

【維持に必要なこと】時間が経てば、さまざまな要因で石積みが崩れたりす

るので補修、補強するなど、護岸設備の高さと幅の維持が繰り返し必要となるだろう。護岸構造を維持するために構造の底に大きな留め石が必要で、護岸構造の傾斜が急であれば留め石は崩れやすいので、特に注意を要する。頻繁に崩壊するようなら、他の護岸構造を考えなければならないだろう。

【利　点】この方法の特徴として
- 天然素材なので入手しやすく、環境にも優しい。
- 傾斜をもたせた護岸は波の力を弱めて、土砂の流出や構造基部の破損を防ぐ。
- この型の護岸は嵐で完全に壊れることはない。大波は護岸を越えて石積みを崩すかもしれないが、その石は再び元に戻せるし、また新しい石で補強することもできる。
- 一般に、石は他の障壁などの護岸設備より、はるかに水生生物のすみ場として適している。
- 水生の動植物に害になる防腐剤や錆止めなどの薬品処理の必要がない。

【欠　点】場所によっては大量の石が必要になり、他の場所から入手する場合は莫大な費用になることもある。また、運び入れる場所に新たに道路を敷設することにもなり、却って周辺の環境を破壊することもある。このような場所には適さないので、工法の選択だけでなく、全体の工程に目を向けることが大事になってくる。

6. 壁型構造 ── カゴ型構造(上記⑤の一部)：GABION

【特　徴】堡籃(ほうらん)や石がらみと呼ばれる構造で、長方形の鉄製のカゴに石を詰め堤として使うもので、このカゴはさまざまな使い方をすることができる。護岸としてだけでなく、防砂壁や岸から離れた防波堤にも使える。図─9に壁型の護岸構造として使ったものを示した。それには底のカゴと上の壁になるカゴが示されていて、底のカゴの厚みは通常20〜30cmで、壁になる上のカゴを支える。上のカゴは長さ2〜4m、高さ30cm〜1mで、カゴは折り畳まずにカゴごとにワイヤでしっかりと留められる。そのカゴを積み重ねていけ

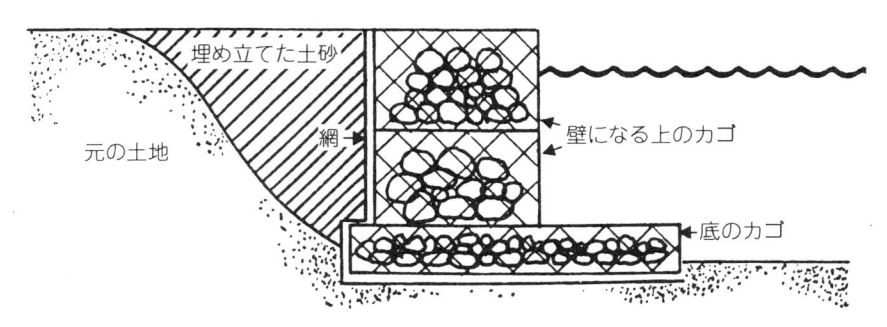

図—9　石を詰めたカゴによる壁型の護岸構造

ば、個々に石を積み上げるよりも強固な構造になり、大波や強風がきても簡単には動かなくなる。また、カゴの材料は違うが、古来より河川の護岸に使われた蛇籠と似ている。

【場所の特徴】このカゴ型構造は、障壁や石による工法が使えるような場所でも同様に使える。

【構成する物】カゴは、亜鉛メッキか塩化ポリビニール（PVC）処理された鉄のワイヤを六角形の綱にしたもので、詰める石は通常5〜10cm程度のものを使う。底のカゴには大きな石を入れたら良いだろう。

【設計の配慮】カゴ型の護岸設備は、鉄のワイヤの劣化が少ない河口などの汽水域か淡水域が多い。なお、カゴはしっかり結びつけるようにする。

【維持に必要なこと】カゴが破損したらすぐに補修する。カゴが破れて石が少なくなると、結んでいるワイヤも壊れやすくなり、全体の構造にも波及する。

【利　点】カゴの設置には重機は使わなくて済み、少しずつ設置することもできる。また、構造は地形によっていろいろ変化させることができるなどの応用が利き、流失した石を加えるなどの補修も比較的容易である。

【欠　点】時間の経過とともにカゴ構造は大きな波によって壊され、なかの石が散ってしまうこともある。波によって石くずがぶつかって削られたり、氷結や人の行き来によってカゴが損傷することもある。海水中では、鉄を覆って

いるメッキの小さな傷などから損傷が始まる。また、障壁ほどではないが、生物にとっては十分な環境とはいえないかもしれない。

7. 壁型構造 — 障壁（上記⑤の一部）：BULKHEAD

【特　徴】この構造は、波から岸を守る方法としてはもっとも適したものといえる。この障壁は、日本ではコンクリートで城壁のように固めたものが多いが、地面に垂直に打ち込まれ、ぎっしりと並べられた板や杭からできたものもある。後者の障壁は、しっかりと安定させるために深く埋められたり、いかり式の礎石を付けたりしている（図—10）。また、つっかえ棒で支える型のものもある。大きな波が押し寄せ、浸食が激しいところでは、こうした構造が必要になる場合もあるだろう。また、船着き場や魚釣りやなど、水深が必要なところでは適した構造である。ただ、生物のことを考えるなら不適格な構造といえる。そこで、障壁だけの構造でなく、前方に岩場や干潟などの多孔性に富んだ空間が必要で、生物のすめる工夫をするなどの複合的な方法を併用することを奨めたい。

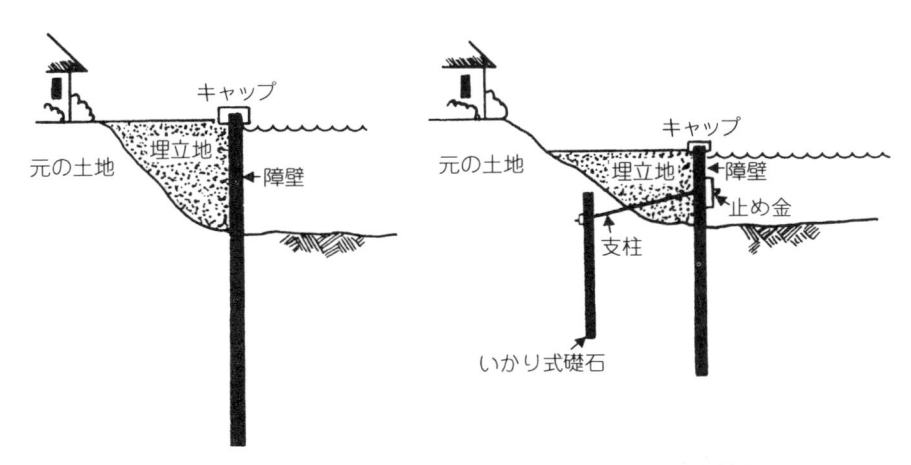

図—10　深く埋め込んだ障壁（左）といかり式の障壁（右）
　　　　他に、つっかえ棒で支える型の障壁がある．

【場所の特徴】障壁は他の護岸設備では防げないところで、波が激しく打ち寄せるところや、水深が必要な船着き場のようなところに必要になる。

【構成する物】コンクリート製が多いが、金属製か木製もある。その場所の土質で障壁の材料が決められる。金属製のものは硬い土や軟らかい岩礁に向いていて、木製はより軟らかい土に向いている。金属性のものは、海水による腐食に耐えるため合金のものを使い、障壁の劣化を防ぐために上部にキャップをかぶせる。木製のものは一般に金属性のものより安価だが、腐敗を防ぐためクレオソートで処理するか、クロム酸亜ヒ素銅で表面処理されている。なお、両方を併用する場合もある。

【設計の配慮】波の大きさ、水深、岸の高さ、浸食の程度や障壁を設置する地形により、どのような型にするかを決定する重要なポイントになる。障壁の構造が悪くて波に耐えられなかったり、障壁を越える波に対する備えが脆弱だったりしたとき、また、障壁の前面が弱く浸食を受け、陸地からの土の圧力を受けた場合には障壁は壊れることがある。

【維持に必要なこと】障壁の維持のために、障壁の消耗や劣化と背後の土の流出を調べ続ける必要がある。氷結やその融解、波に含まれる土砂や浮遊物の直接の作用によって、障壁は少しずつ劣化していく。障壁やその付属品はメッキなどの薬品処理を繰り返し行わなければならない。特に、障壁の割れ目や木製のもの腐食は早めに直すことが大事である。障壁の背後の土が流されたら、新たに土を加えて元に戻すなどの早めの対応が必要である。

【利　点】コンクリート製や金属製の障壁は耐久性があり、形状も多様なものにすることができる。木製の障壁は細工が容易で他の材料よりも安価なので、極力木製のものを使いたい。

【欠　点】とにかく、生物にとっては生態的にも構造的にも欠点が多い。木に染み込ませるクレオソートやクロム酸亜ヒ酸銅は海の生物にとって有害物質であることは間違いなく、生物への影響が心配される。金属性の障壁は、時間が経つと海水によって腐食が進み、特に基部の部分がもっともひどくなってくる。木の障壁はさらに浸食を受けやすいので、石などを補強して基部を守らな

ければならない。このような障壁構造にすると、却ってその周りが浸食を受けやすくなる場合がある。

8．防波堤(上記の⑥)：BREAKWATER

【特　徴】防波堤はいろいろな材料が使われている。岸から離れたところに作られ、波を防ぎ、岸との間に波の静かな部分を作り出す。波が静かだと砂の移動が変わり、防波堤の前の海岸には砂が流されずに溜まることになる(図―11)。一方、砂の移動が少なくなると、逆にその周りでは浸食が強まることになる。ただ、この浸食は防波堤と海岸の間に砂を入れることで防ぐことができる。このような防波堤は、海岸や岬、船着き場などを守るために設置される。

【場所の特徴】緩やかな傾斜の浜の沖に設置した方がよいだろう。防波堤と浜の間に砂が溜まるので、浸食から浜を守ることができる。ただ、砂の動きが期待に反したら構造を変えなければならない。また、防波堤を設置することにより潮の流れが変わって、周りの浜が浸食、または堆積される場合もある。

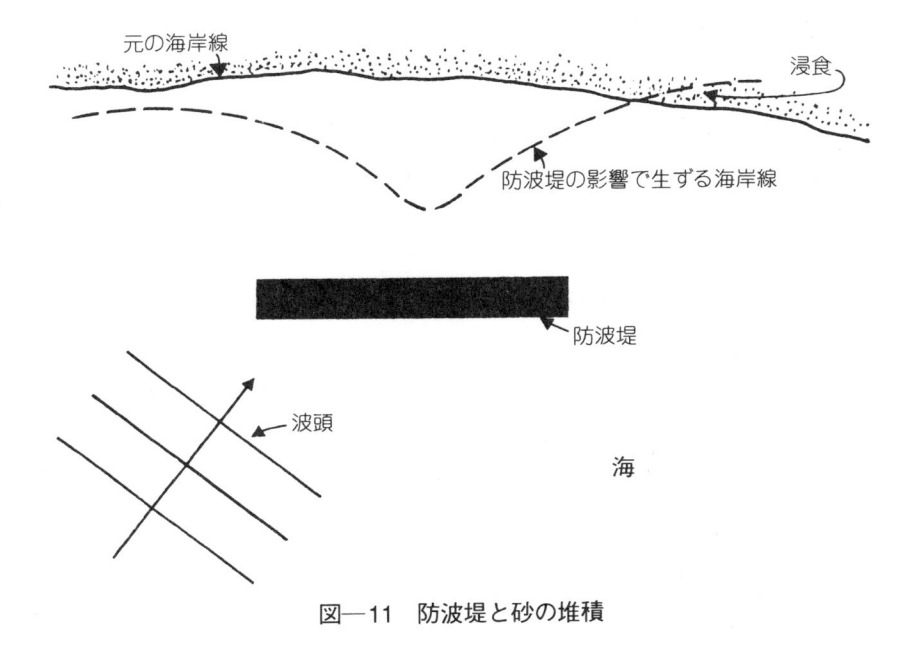

図―11　防波堤と砂の堆積

【構成する物】防波堤には大きな石、石の入ったカゴ、テトラポットなどのコンクリートのブロック、コンクリートの壁、金属や木製の板、または砂袋等がある。プラスチックなどの材料もときどき使われる。これら材料も生物にとっては重要な要素となる。石などの自然な材料が最適なのだが、コンクリートのブロック（テトラポット）やコンクリート壁でも、多孔性に富んだ構造にするなどの配慮をしよう。

【設計の配慮】防波堤の高さ、海水や砂の動き、岸からの距離、長さ、ブロック間の隙間、海底の土質、重さ、そして形などを考慮しなければならない。このなかでもっとも大事なのは防波堤の高さで、波がどこまで押し寄せるかが決められる。通常は水深が1.5ｍよりも浅いところにつくるのだが、専門家のアドバイスが必要となってくる。

【維持に必要なこと】防波堤の維持に必要なことは、石による護岸や障壁と同様である。

【利　点】岸に何も人工の構造物を置かずに、浸食から海岸を守れることである。海岸は、海水浴や日光浴などレクリエーションの場として利用される。生物にとっては、石の防波堤ならば自然環境も守られるだろう。

【欠　点】激しい波による破壊と基部の浸食を受けやすい。

9．防砂壁（上記の⑦）：GROIN

【特　徴】防砂壁は砂止め突堤などとも呼ばれ、波浪による砂の動きを押さえて留めることで、海岸の現状を維持することができる。この防砂壁は、いろいろな長さや高さをもった幅の狭い構造物で、岸から海に向かって垂直に作られる（図—12）。防砂壁の先を越えて移動していき砂は防砂壁の片側に留まり浸食されるのを防ぐことになる。この構造により砂浜を新たにつくるのではなく、海岸の干潟や草地の維持にも役立つ。

【場所の特徴】なだらかな海岸に適している。防砂壁を付ける前に、砂が移動する方向や量を調べる必要がある。

【構成する物】石、コンクリート、石のつまったカゴ、木材そして鉄が使わ

5．生物に配慮した護岸　　**125**

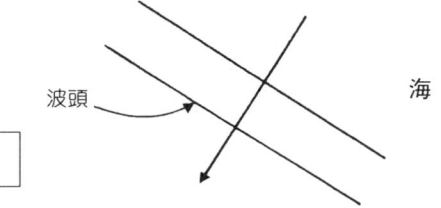

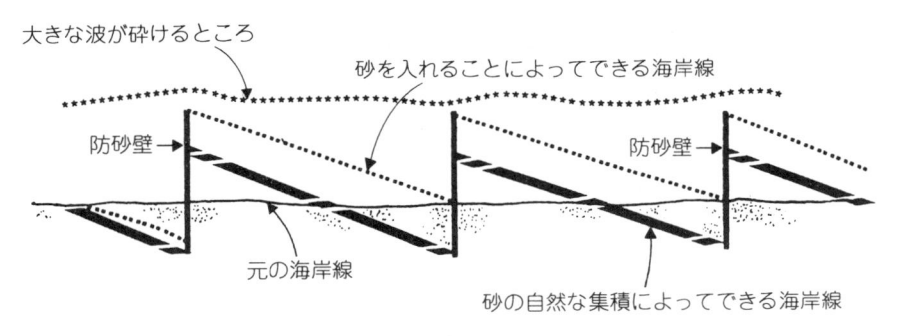

図—12　防波壁と砂の堆積

れる（図—13）。生物のことを考えると防砂壁も防波堤同様、生態系への影響は材料によって大きく左右される。材料としては角張った石で、構造は石を使った護岸の場合と同様である。防砂壁の場合も、底に網を敷くべきだが、木や金属製の防砂壁の場合は敷く必要はない。なお、砂に多量の泥が混ざっている場合は、泥は流れてしまうので他の場所から砂を運んで防砂壁の間に入れることが必要となる。

【設計の配慮】防砂壁をつくるにあたって配慮すべき点は次のようなことになる。
- 高さの設定
- 海のなか、そして、海岸にどのくらいの長さで置くか。
- もし複数を並べる構造にするのなら、どのくらいの間隔で置くか。また、海岸のどのくらいの範囲に防砂壁を設置するか。
- 砂と海水がどのくらい防砂壁を通る構造にするか。海岸の状態によって、防砂壁の高さは変える。高い防砂壁は砂の動きを完全に止めてしまうので、

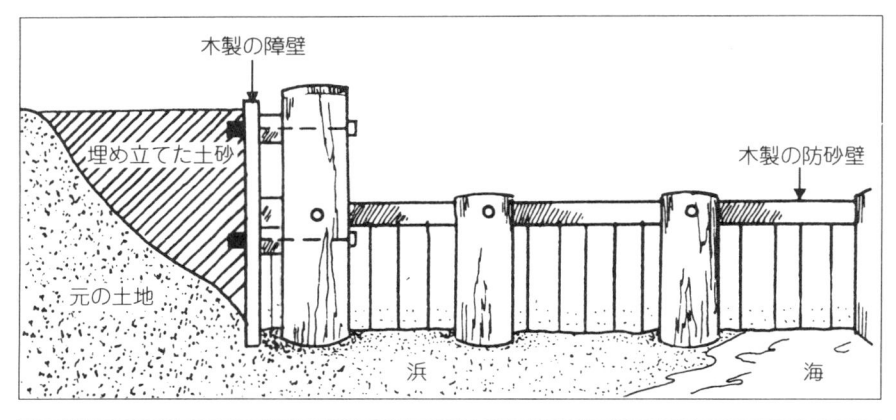

図―13 木製（上）と石製（下）の防砂壁

鉄製のものは木製のものに似ており、コンクリートのブロックは石製のものに似ている．

　砂は防砂壁を越えられないが、反対に波が洗うような低い防砂壁だと、砂はそれを越えてしまい周辺に移動してしまう。また、防砂壁の長さはどのような浜をつくりたいかで決まる。海に突き出した部分が短いと、その先端を砂が移動し、長くすると、沖に運ばれた砂が戻ってこない。また、防砂壁は激しい波で陸地を浸食しない程度に陸地部にも深く延ばすようにしたらよいだろう。防砂壁の間隔も同様で、間隔が空きすぎると防砂壁の間で浜が浸食を受けてしまうが、逆に間隔が狭すぎると砂が溜まらなくなる。理想的な間隔は、防砂壁の間に連続して砂が溜まっている状態で、一般に高さの2〜3倍程度になる。ただ、防砂壁の設置は、逆に周りの浜に浸食を及ぼす可能性があるので慎重に行わなければならない。

【維持に必要なこと】防砂壁の維持は、石による護岸や障壁の場合と同様である。

【利　点】浜辺を広く大きくし、波の力を弱めることにより陸地を守ることになる。レクリエーションを行う場としての浜の利用価値が高まる。

【欠　点】浜辺の砂の移動を防ぐことが、逆にその周辺の浜の砂が少なくなってしまうこと関係してくる。したがって、周辺を含めた均一な浜辺の形成にはならず、砂を本質的に集積させる方法とは言えないだろう。

10．その他の護岸方法

1）排水の方法

急峻な海岸の浸食を防ぐためには、雨水を排水する設備が必要になるかもしれない。一気に海へ流れ落ちないよう、排水溝等で陸地の低いところへ集めたり、屋根に降った雨を樋で集め、縦穴に流す方法などが考えられる。また、植物の茂った沼沢地も排水に大いに役立つだろう。ただ、地下への浸透については、専門家の分析やアドバイスが必要である。

2）組み合わせた方法

以上述べてきた護岸方法はいろいろ組み合わせることができる。むしろ、単独では不十分で、組み合わせることによって十分なものになるだろう。浸食の状態や護岸したい範囲によって組み合わせる方法が決まる。生物のいる湿地帯の形成や浜辺を充実させる方法は、波の強さに応じて他の方法との併用が必要かと思われる。また、浜辺を充実させる方法としては、防砂壁や防波堤を併用した方がよいだろう。

V. ビオトープとしての護岸構造

　今まで述べてきた護岸設備のうち、生物に配慮した護岸構造として、浜辺の充実、坂の階段化・テラス化、湿地（マーシュ）の形成、石による護岸があげられる。特に、生物の豊富な湿地帯づくりは、海辺ビオトープづくりそのものといえよう。石の詰まったカゴによる壁型の護岸構造は生物に適しているとはいえず、障壁は生物に害となる。防波堤や防砂壁も同様で、壁型の構造、特に鉄やコンクリートの壁は生物の生存に適さない。しかしながら、一般に生物に適していないものでも設置の工夫したり、他の方法と併用することで、ビオトープを造ることが可能である。実際、写真—1で示した海岸は防波堤としてのテトラポットの置き方で、生物にやさしい海岸になっている。さらに、そのテトラポットを生物が生息できる多孔性に富んだ空間を多くつくり、その上を土砂で覆って植物を植え、自然の小さな島のようにできたら生物のすみ場も回復し景観的にも素晴らしいものになるだろう。ただ、できればテトラポットでなく、自然の岩か、岩に似た人工物を置き、一部分でも生物がすめて人々が近づける構造にすることは可能である。

　障壁は生物にとって不向きなことは前に述べたが、これも障壁の前に生物のすめる環境をつくることは不可能ではない。岩や土砂で生物のすめる環境をつくってやりさえすれば自然にすみつくようになるだろう。もちろん、砂や泥が流出せず、かつ海水が自然に出入りする工夫が必要である。

　また、海水の池を上記の護岸設備などを利用してつくり、そこに干潟や小さな島などを配置し、動植物を放流できれば、生態系は回復していくだろう。

　生物にとっての良好な環境は、人々の心を豊かにするだけでなく、地球環境、地球全体の生態系の維持に役立つはずである。そのためにも、自然に富んだ海岸を保全し、復元していくことが望まれている。この実現に向けて英知を集め、情熱をもって取り組んでいくことが大事になってくるだろう。

本稿は、Maryland Department of Natural Resources Water Resources Administration（アメリカ合衆国メリーランド州自然資源課水資源管理部門）のShore erosion control guidelines for waterfront property owners（水岸の所有者のための岸辺崩壊の防御法）から本書の趣旨に沿って抜粋し、それをもとにまとめたものである。

参考文献

Rogers, Golden and Halpern, Inc.（1981）: Low Cost Shore Protection, Philadelphia, Pa., contract DACW 61-81-DO012 by United States Army Corps of Engineers, p.36.

United States Army Corps of Engineers（1981）: *Shore Protection Manual.*, Vols. 1-2 （Vicksburg. Mississippi: United States Army Corps of Engineers Coastal Engineering Research Center）.

United States Army Corps of Engineers（1973）: *Shore Protection Guidelines*, in *National Shoreline Study*, Vol.1, Washington D.C., United States Government Printing Office.

United States Army Corps of Engineers : *Low Cost Shore Protection*・・・A Guide for Local Government Officials, 108p.

United States Department of Agriculture, Soil Conservation Service : *Vegetation for Tidal Shoreline Stabilization in the Mid-Atlantic States*, p.18.

6. アメリカでの海岸整備

― 海岸の整備・養浜 ―

伊藤　富夫[*]

　高度成長により、日本はある面においてアメリカ合衆国を追い抜いたかもしれない(表—1)。しかしながら、こと自然に関するとそういうわけにはいかないだろう。アメリカ合衆国の国土は日本の25倍だが、人口はたかだか2倍に過ぎない。このことは、人口に対する自然の割合が、アメリカ合衆国は日本の約12.5倍あることを意味している。山がちの日本では人々は平野のある海岸部に多く生活していて、海岸部における人口に対する自然の割合はさらに小さいものになっている。一方、アメリカでは海岸から山を探すのが困難なくらい広大な平野が広がっていて、その分海岸部における人口に対する自然の割合は大きいものになっている。

　著者は幾度もの渡米でアメリカ合衆国の自然を見てきたが、その都度日本に比べて有り余る自然を感じてきた。海岸に関しては、都市部は日本との類似を感じるが、都市部を離れるとそこに果てしなく続く自然海岸があり、そこには

表—1　日米の比較 (1991～1992年の統計：世界人口年鑑)

項　目	日　本	アメリカ合衆国
面　積（万km^2）	38	936 (967)
人　口（万人）	12,359	25,269
人口密度（人/km^2）	327	26
一人当たりの国民総生産（ドル）	26,920	22,560

（　）は、アメリカ合衆国発表

[*]静岡大学教育学部生物学教室

自然にできた丘、デューンが延々に続き、氷河時代の氷河によってできたといわれる広大な植物の生えた海水の湿地帯、マーシュが広がっていた(**写真—1、写真—2**)。海洋汚染があるといわれる海岸に立っても、空缶やビニール袋などのゴミなどは一切見ることもできないほどの自然の景観を呈していた。人家も少なく、日本とは比べようもないスケールである。

写真—1　ソルト・マーシュ

写真—2　満潮時のマーシュ

護岸も極力自然の材料が使われ、コンクリートやテトラポットを敷き詰めた日本とは大きく異なっていた。こうした光景は、大部分の自然海岸を失った日本の状況から見ると別世界のような感すらある。もちろん、アメリカが自然環境に関して何もかも日本より優れているというわけではなく、例えば、廃液の処理に関しては日本よりもずっと大雑把で、日本では常識的に流していけないものまでも垂れ流してしまっている。また、工場の近くでは、かなりの水質の汚染も観察された。しかし、それでも周辺の自然がとても大きいので、国全体の汚染の規模は日本よりずっと少ないものになっている。

　都市部での問題は日米とも共通の要素が多いので、ここでは日米の差がはっきりする都市部を離れた海岸を中心に述べてみたいと思う。

1. 浜辺の浸食と自然の材料を使った護岸

　自然海岸が多くあることは自然が推持されていることを意味しているが、それなりの問題も抱えている。その第一は、波や風による海岸の浸食であろう。大きな波が防御壁も無い海岸を直接浸食することになり、そこに人の営みが無いのなら、海岸は変化しながらも自然を推持し続けるのだが、もしそこに人家でもあれば、その浸食は大きな災害をもたらすことになる(**写真―3**、**写真―4**)。

　また、アメリカで感じたその他の問題点として洪水や塩害がある。広い平らな土地、マーシュと呼ばれる広大な海水の湿地帯が続くのだが、護岸構造に不完全な面があるので、少しの風でも海水が侵入してその一帯が洪水になり、一旦侵入した海水はなかなか引かない。また、直接海水が侵入しなくても強風のときなどには平野続きの内陸部まで海水が吹き飛ばされ、まわりが白くなるほどの塩害が発生することがある(**写真―5**)。その場合、広域的に発生した枯草木の処理に大きな問題が生じる。朽ちた草木は自然界のなかで微生物等により分解され、周りの植物の栄養源となっていくのだが、ここではその数があまり

写真—3　浸食によって家に海が迫るようす

写真—4　浸食によって壊された家

写真—5　塩害で枯れた林

写真—6　腐敗した植物が堆積しているようす

にも多く分解が追いつかず、腐敗臭が立ちこめている場所もあった(写真—6)。こういったところでは、良好な生態系は推持できないと思われる。ただ、そういった腐敗物自体は調べたところでは毒性はなく、さらに害を及ぼすような心配はなかった。

　アメリカでは海岸を浸食から守るために、日本でよく見られるコンクリート製の護岸壁とは異なり、石や木など自然材を多く使った護岸をよく見かけた(写真—7、写真—8、写真—9)。それは、生物学的に見ても優れた護岸構造であると感じた。石や木の自然材による護岸の方法は、本書の5章で詳しく述べたが、こうした自然な素材による護岸構造は、コンクリートなどの人工的な構造と違い暖かみが感じられ、周りの風景にも溶け込んだ美しい景観を呈している。しかも、生きものにとっても優しく良好な生態系が維持された、まさにビオトープそのものである。さらに、材料費は安く比較的容易に入手でき、施工の費用も軽減できる。

　しかし、簡単で安い反面、ハリケーンのような強風や大波に見舞われた場合は決壊しやすく、災害をもたらすこともある。そのために、その都度補修などの工事を繰り返す必要が生じる。

　このように、自然材による護岸工法が最良というわけではないが、いままでの"自然を克服"するという独善的な論理で自然を改変するのではなく、永い

6．アメリカでの海岸整備

写真—7　自然の材料を使った護岸—木と石の例

写真—8　石による砂止め突堤

写真—9　木による防砂壁

年月にわたって造り上げてきた自然の力と人間の知恵を融合させて、双方の長所を取り入れた護岸方法を考えていくことが重要であると考える。

11. 浜辺をつくる軍艦

　波や風の浸食により海岸はえぐり取られ、えぐり取られた土砂の多くは沖合に堆積する。放っておくと内陸部まで浸食が進み、大きな災害が生じてしまう。そこで、沖に流された砂を元の浜に戻すという、積極的な方法で海岸を護る試みが各地で取られている。日本でも最近見かけるようになったが、なかでもアメリカのマイアミ海岸での例はよく知られている。

　このマイアミはフロリダ半島の大西洋岸に面し、温暖な気候で世界的に知られた避暑地として、あまりにも有名である。特に、海岸一帯には大きなホテルや娯楽施設が建ち並び、この海岸の風景そのものが最大の魅力ともなっている。しかし、この一帯はハリケーンが頻繁に通過する場所としても有名で、毎年大なり小なり被害をもたらしている。そして当然海岸浸食も激しく、美しい浜辺がえぐり取られて減少していく傾向にあった。そこで、毎年前述のような沖に堆積した砂を元に戻す方法が講じられるようになった。ただ、浸食の激しいところでは一市町村レベルの規模では手に負えず、米国軍隊が動員され大規模な浚渫工事が施される(**写真—10**)。巨大なサルベージ艦で沖から砂をすくい浜に運ぶのだが、それは写真などでは表現しきれないほど勇壮で雄大な光景である。しかし、それが大規模であればあるほど、浸食がひどいことを意味しており、現状の浜で生息している生物にとっては驚異になっていることも事実である。

　例えば、ニューヨークとワシントンDCの間にあるデラウエア湾やチェサピーク湾の海岸は、多くの海鳥がいることで知られている(**写真—11**)。それらの海鳥は、5月の始めに多数海岸に飛来する。それは、ちょうどカブトガニの産卵時期にあたり、多数の卵を生み落としていく。鳥たちはその卵や海へ帰

138　6．アメリカでの海岸整備

写真—10　軍艦で運ばれた砂でできた広大な浜辺

写真—11　浜辺に群がる海鳥とカブトガニ

りそこねたカブトガニを餌に集まって来るのである。カブトガニの卵は夏を経てふ化し海へ戻っていくのだが、その間に沖の砂を大量に運び入れたら、こうした生態系は失われてしまうかもしれない。そこで、この生態系を護るために時期をずらして、秋になってから砂を浜に運ぶことになっている。

III デューン (Dune) づくり

　デューンとは一般に砂丘と訳されるが、主に海岸の陸部にできた自然の堤をさしている(**写真—12**)。日本でも大きな砂浜の陸に近いところではよく見かける光景である。人工の堤防はダイク (Dyke) と言い、いずれも海岸の内陸部を浸食から守る構造になっている。デューンは風雨による浸食を受けるのだが、そこに植物がしっかり生えていると堅固になり、浸食に耐えられる状態になる。したがって、コンクリート壁等により自然が分断されないので、浜辺の生物にとっては暮らしやすい空間となり、このデューン一帯はビオトープとしても位置づけられる。また、砂を運んで浜辺を再構築する際にも同様である。

写真—12　デューン

140　6．アメリカでの海岸整備

写真—13　デューンへ植物を植える人々

写真—14　デューンより内陸部の森林（フォレスト）

アメリカでは、デューンへ植物を植えることが盛んに行なわれていた（写真—13）。地元の人だけでなく周辺の子供達、高校生や大学生、それにボーイスカウトたちも参加していた。植えていた植物は、風と乾燥に強いデューン・グラス（*Ammophila breviligularia*）と呼ばれる草で、これが根付いた後に他の植物を植えていくようだ。日本でもこのデューンに、ハマヒルガオやハマダイコンの花が咲き、岩場があればツワブキなどきれいな花畑も期待できる。デューンより内陸部には広大な自然林があり（写真—14）、スケールは違うが日本の防風林のようでもある。そこに棲むシカやウサギなどの生息の場所になっていて、動物の保獲という観点からもこの森林帯の維持保全が計られていた。

IV. マーシュ（Salt Marsh）づくり

デューンよりもさらに重要なのがマーシュづくりである。マーシュとは湿地帯の意味で、海岸の湿地帯（SaltまたはTidal Marsh）、河口などで海水と淡水が混ざった汽水域の湿地帯（Brachial Marsh）、そして、淡水の湿地帯（Fresh Marsh）の三種類がある。なかでも海岸に広がる海水の湿地帯がもっとも広大で、普通にマーシュというと海水の湿地帯をさしている。ケープメイ半島では土地の1/3以上がマーシュで、氷河時代、氷河によってできたとされている。そこにはリバー（川）と呼ばれる大きな水路があるのだが、もとより淡水が流れているわけではなく、潮の干満によって海水が移動する水路となっている。川は常に上流から下流へ流れると思っていたが、アメリカのこのような場所で見るリバーは、海の干満によって流れの方向を変えているのだと知らされた。

マーシュにはたくさんの植物が生えていて、海や陸の多くの動物がそこで暮らしている。陸の動物としては、リスやウサギ、場所によっては野生の馬（ポニー）まで見られた（写真—15）。マーシュの植物としてはコードグラスが有名で、このコードグラスには、丈の高いビッグ・コードグラス（*Spartina cynosuroides*）と低いスムーズ・コードグラス（*S. alterniflora*）があ

6. アメリカでの海岸整備

写真—15 マーシュに集まる野生の馬（ポニー）

り、ソルト・グラス（スパイク・グラス、*Distichlis spicata*）なども生えている。陸に近いところには、もう一種類のコードグラス、ソルト・メドウ・コードグラス（ソルト・ヘイ、*S. patens*）が生えている。こうした植物が海のなかに繁ってマーシュを形成し、土砂を推持して海岸を守っているわけである。また、浸食を受けた海岸の前面にこのような植物を植えるとその根が土壌を堅固にし、波から土砂の崩れるのを防ぎ、浸食に堪

写真—16 海岸を復元するために植えられたマーシュの植物

えられるようになって海岸が回復できる。こうした方法で、復元が試みられ成功を収めている（写真—16）。

ソルト・マーシュは塩分濃度20‰以上の所をさすが、淡水の河口域などに

写真—17　淡水のマーシュ

は5〜20‰の塩分濃度の低い干潟があり、汽水性の湿地帯（マーシュ）が広がっている。ビッグ・コードグラスやソルト・ヘイのほかに、スゲの仲間の *Scirpus americanus* も生えている。塩分濃度5‰以下のところは淡水の湿地帯（マーシュ）となる。ここでの植物は日本と類似したものがたくさん見られ、アロウ・アルム、ピッケレル・ウイード、アロウヘッド、野生のイネ、ガマやアシが生えている（**写真—17**）。汽水のマーシュや淡水のマーシュは浸食や、ときには災害から守ってくれるのだが、海水域のマーシュに比べると規模も小さく、人間の社会生活とのかかわり、さらには地球規模の環境を考えると、海水域（ソルト）マーシュの維持・保全が、今後はより重要になってくることは間違いないであろう。

Ⅴ. 海を畑にする

　ソルト・マーシュのなかには数多くの海藻も生え、魚介類の格好の餌場にもなっているので水産資源が豊富で、人々に多くの恵みを与えてくれる貴重な漁場でもある。漁師にとっては大切な生活の場になっているわけで、しかも十分に採算が合うようだ。カキ（オイスター）、ハマグリ（クラム）やムール貝（マッスル）などの貝類、カニ（アメリカ東海岸ではブルー・クラブ）などの甲殻類、そして、ウナギその他の多くの種類の魚が獲れる。

　このように、重要な役割もったソルト・マーシュなのだが、日本では考えられないような光景に出会ったことがある。それは、せっかく堤防をつくって開墾した畑をわざわざ堤防を壊し、水路（リバー）をひらきマーシュをつくろうとしていることだった。すなわち、畑地などの陸地を海に戻す計画である。デラウェア湾では3ケ所でそのような工事が進んでいた。また、湾に注ぐデラウェア川に沿って、上記3ケ所とは別に10ケ所ほどのマーシュづくりが計画されていた。そのなかでも最大の計画は約550エーカーもあり、1エーカーは約4,047m^2だから、その規模たるや大変な広さである（**写真—18**）。

写真—18　畑をマーシュ（海）に変える工事

日本で海岸の干拓というと、長崎の諫早湾の埋め立てにみられるように、海辺の生物の生息場所を奪うことになるのであるが、このアメリカの例のように、わざわざ陸にしたところを敢えて海に戻す営みもあることを知った。このようなマーシュの造成は本来は水産資源の保全のためかも知れないが、結果的には以前に存在した生態系が回復されることになる。ただ、大平原の海の湿地帯なので水循環が悪く、工業廃水や富栄養化等で汚染された場合が心配である。もし、日本でこのような規模で行ったとしたら、汚染物質やゴミ、ヘドロなどがすぐに溜まってしまい、健全な自然を維持することは非常に難しいのではないかと思われる。しかし、小さなマーシュならば日本でも十分に作れると思うので、十分配慮された計画ならば、ただ漁業のためだけではなく、自然環境の保全に役立つであろう。

Ⅵ 日本の採るべき道

　私たちの住む日本は、四方を海に囲まれた人口の多い小さな島国である。しかも、少ない平野部に人口が密集しているため、その生活域を守るには海岸の護岸および埋め立てによる開発は致しかたないと思う。しかし、だからといって、災害から生活基盤を守るために海岸をコンクリートで覆いつくし、生物のすみ場までも奪ってしまう権利はないと思う。人間も生態系を構成する一員であり、その生態系のなかで生存している以上、自然環境が失われて困るのも人間自身なのである。個々の小さな生態系が総体として地球生態系を構成しているのだと認識することが大切であろう。確かに、コンクリート護岸は防災的には強固で安全性には富んでいるのだが、その反面、自然界を一切遮断した要塞でもある。豊かな植生が維持され、生きものが安心して生息できる空間のある生命のあふれる海岸は、人々の心の豊かさにとっても非常に大事なことだと思われる。

　私たちは心をもつ生きものである。そこにもビオトープの必要性が考えられ

る。自然の改変によって失われる自然を最小限にして、生態系が推持され、かつ、人々の心が潤う海岸が必要ではないだろうか。コンクリートの護岸壁やテトラポットだけの殺風景な海岸でなく、護岸壁の材料や構造を工夫したり、護岸壁の前方に砂や岩を配置して生物のすめる空間、すなわち、ビオトープをつくることもできるのである。海水の池の設計も重要であろう。そのためには、池や河川の復元で培った知識・技術も大いに役立つであろう。そして、このようにしてできた自然の空間は、リクリエーションや生きものと触れあう教育の場としても役立つと思える。そして、やがて生態系が確立し推持できるようになれば、海岸はさまざまな微生物によって分解されて水はきれいになり、周辺の植物が出す酸素にあふれたきれいな空気も保証される。

　人間の活動を制限しなければ自然をそのまま守ることのできない場所も数多くあるが、このビオトープのように、すでに開発された場所にも小さな自然を作り、人間と自然との共生できる空間をつくることを考えてもよいのではないだろうか。当然、これからの開発計画にも導入できる筈であり、今後の日本の採るべき道のようにさえ感じるのである。

　筆者は地球環境のキーポイントともいえる沿岸生態系の復活のため、海の並木道、沿岸の街路樹ともいうべき生きもののいる空間、ビオトープによる自然の回廊（コリドー）のネットワーク形成を提唱したいと思っている。

参考文献

Carl N. Shuster Jr.（1966）：The nature of a tidal marsh ; This dynamic unit of nature feeds fish, fowl and animal. Information leaflet, New York State, New York.

John Teal and Mildred Teal（1969）：Life and death of the salt marsh, Ballantine Books, New York.

Kenneth L. Gosner（1978）：Atlantic seashore, Houghton Mifflin Company, Boston.

Steve Pafkef（訳 リリーフ・システムズ（1990）：海辺の動植物．同朋舎出版，東京．

Tracey L. Brant and Jonathan R. Pennok（1988）：The Delaware estuary; Rediscovering a forgotten resource. University of Delaware, Dlaware.

William H. Amos and Stephen H. Amos（1985）：Atlantic and gulf coasts, A Chanticleer Press, New York.

監修者プロフィール

杉山恵一

1938年　静岡県生まれ
東京教育大学理学部大学院博士課程修了
静岡大学教育学部教授
自然環境復元研究会事務局長
静岡県自然保護協会会長
日本ビオトープ協会理事
〈主な著書〉ハチの博物館、青土社
　　　　　　自然環境復元の技術（監修）、朝倉書店
　　　　　　ホタルの里づくり（共著）、信山社
　　　　　　ビオトープ―復元と創造（監修）、信山社
　　　　　　ほか著書多数

海辺ビオトープ入門：基礎編
2000年（平成12年）1月30日　　　初版刊行

監　　修　　杉山恵一
編　　集　　自然環境復元研究会
発 行 者　　今井　貴・四戸孝治
発 行 所　　㈱信山社サイテック
　　　　　　〒113-0033　東京都文京区本郷6－2－10
　　　　　　TEL 03(3818)1084　FAX 03(3818)8530
発　　売　　㈱大学図書
印刷・製本／エーヴィスシステムズ

©2000 杉山恵一　Printed in Japan　　ISBN4-7972-2519-X C3045

【信山社サイテック「自然環境／関連」図書】　2000/1

自然復元特集 1. ホタルの里づくり　　自然環境復元研究会編
　　ISBN4-7972-2973-x C3045　　　　B 5 判；140 p　　定価：本体 2,800 円（税別）
自然復元特集 2. ビオトープ -復元と創造　　自然環境復元研究会編
　　ISBN4-7972-2972-1 C3040　　　　B 5 判；140 p　　定価：本体 2,800 円（税別）
自然復元特集 3. 水辺ビオトープ -その基礎と事例　　自然環境復元研究会編
　　ISBN4-88261-530-4 C3045　　　　B 5 判；145 p　　定価：本体 2,800 円（税別）
自然復元特集 4. 魚から見た水環境－復元生態学に向けて／河川編　　森　誠一監修
　　ISBN4-7972-2516-5 C3045　　　　B 5 判；244 p　　定価：本体 2,800 円（税別）
自然復元特集 5. 淡水生物の保全生態学－復元生態学に向けて　　森　誠一編集
　　ISBN4-7972-2517-3 C3045　　　　B 5 判；250 p　　定価：本体 2,800 円（税別）
自然復元特集 6. 学校ビオトープの展開－その理念と方法論的考察　　杉山恵一・赤尾整志監修
　　ISBN4-7972-2533-5 C3040　　　　B 5 判；220 p　　定価：本体 2,800 円（税別）
ジンベザメの命　メダカの命　　吉田啓正著
　　ISBN4-7972-2547-5 C3040　　　　A 5 判；210 p　　定価：本体 1,800 円（税別）
輝く海・水辺のいかし方　　廣崎芳次著
　　ISBN4-7972-2539-4 C345　　　　A 5 判変型；156 p　　定価：本体 1,800 円（税別）
都市河川の総合親水計画　　土屋十圀著
　　ISBN4-7972-2523-8 C3051　　　　A 5 判；248 p　　定価：本体 2,900 円（税別）
エバーグレーズよ永遠に－広域水環境回復をめざす南フロリダの挑戦　　桜井善雄訳・編
　　ISBN4-7972-2546-7 C3040　　　　A 5 判；104 p/カラー　　定価：本体 2,500 円（税別）
増補 応用生態工学序説－生態学と土木工学の融合を目指して　　廣瀬利雄監修
　　ISBN4-7972-2508-4 C3045　　　　キク判変；340 p　　定価：本体 3,800 円（税別）
沼田　眞・自然との歩み －年譜／総目録集　　堀込静香編纂
　　ISBN4-7972-2801-6 C0040　　　　キク判変；240 p　　定価：本体 5,000 円（税別）
環境を守る最新知識－ビオトープネットワーク　自然生態系のしくみとその守り方　(財) 日本生態系協会編
　　ISBN4-7972-2531-9 C3040　　　　A 5 判；180 p　　定価：本体 1,900 円（税別）
最新　魚道の設計－魚道と関連施設　　(財) ダム水源地環境整備センター編
　　ISBN4-7972-2528-9 C3051　　　　B 5 判；620 p　　定価：本体 9,500 円（税別）
景観と意匠の歴史的展開－土木構造物・都市・ランドスケープ　　馬場俊介監修
　　ISBN4-7972-2529-7 C3052　　　　B 5 判；358 p　　定価：本体 3,800 円（税別）
湾岸都市の生態系と自然保護
　　監修；沼田眞（日本自然保護協会会長）/編集；中村・長谷川・藤原（千葉県立中央博）
　　ISBN4-7972-2502-5 C3045　　　　B 5 判；1,070 p　　定価：本体 41,748 円（税別）
都市の中に生きた水辺を　　身近な水環境研究会編　桜井善雄・市川新・土屋十圀監修
　　ISBN4-7972-2975-6 C3040　　　　A 5 判；294 p　　定価：本体 2,816 円（税別）
都市につくる自然　　沼田眞監修/中村俊彦・長谷川雅美編集
　　ISBN4-7972-2976-4 C3045　　　　B 5 判；192 p　　定価：本体 2,816 円（税別）
自然環境復元入門　　杉山恵一著
　　ISBN4-7972-2977-2 C3040　　　　B 6 判；220 p　　定価：本体 1,900 円（税別）
市民による里山の保全・管理　　重松敏則著
　　ISBN4-88261-504-5 C3045　　　　B 5 判；75 p　　定価：本体 2,800 円（税別）

【近刊案内】
沼田　眞著作全集（全 15～20 巻予定）　　－平成 12 春刊行計画発表－